RELIABILITY ASSESSMENT AND RESIDUAL SERVICE LIFE PREDICTION OF CORRODED SHAFT SIDEWALL

腐蚀井壁可靠性评价与剩余服役寿命预测

何 伟 张鹏冲 孟 霞 著

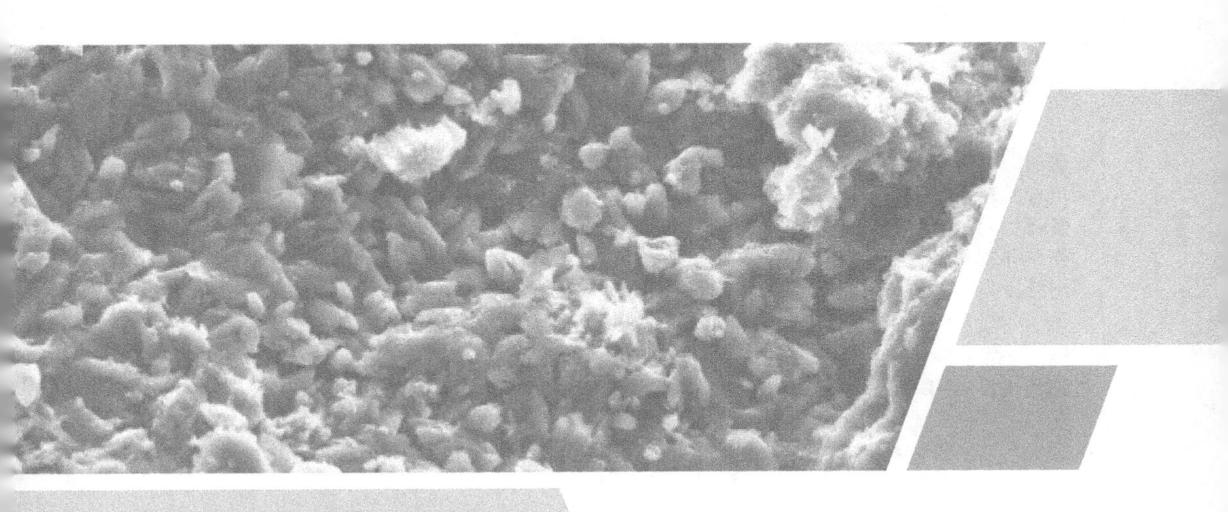

人民交通出版社股份有限公司
北 京

内 容 提 要

本书以淮北矿务局童亭煤矿为例,对高矿化度硫酸盐腐蚀作用下立井井壁的腐蚀机理进行了系统性的分析,提出了以室内加速腐蚀试验和现场腐蚀程度评价为基础,用灰色理论GM(1,1)模型拓展数据维度,以良好代表性为前提的当量加速关系建立方法以及腐蚀井壁抗压强度的时间函数,并结合统计分析得到了腐蚀井壁可靠度时间函数的一般形式,量化不同腐蚀进程时的应力分布及塑性区变化后,得到不同腐蚀区域可靠度的具体方程,获得了童亭煤矿副井的剩余服役寿命,分析了浇筑时初始损伤对井壁寿命可能造成的影响。

本书适合相关专业的研究人员和学生阅读,也可作为在科研机构、企事业单位中从事相关工作的各类人员的参考读物,还可供感兴趣的读者参考。

图书在版编目(CIP)数据

腐蚀井壁可靠性评价与剩余服役寿命预测 / 何伟,张鹏冲,孟霞著. —北京 :人民交通出版社股份有限公司,2021.8

ISBN 978-7-114-17489-6

Ⅰ.①腐… Ⅱ.①何… ②张… ③孟… Ⅲ.①井壁—腐蚀—研究 Ⅳ.①TD352

中国版本图书馆 CIP 数据核字(2021)第 144947 号

Fushi Jingbi Kekaoxing Pingjia yu Shengyu Fuyi Shouming Yuce

书　　名:腐蚀井壁可靠性评价与剩余服役寿命预测
著 作 者:何　伟　张鹏冲　孟　霞
责任编辑:屈闻聪
责任校对:赵媛媛
责任印制:张　凯
出版发行:人民交通出版社股份有限公司
地　　址:(100011)北京市朝阳区安定门外外馆斜街 3 号
网　　址:http://www.ccpcl.com.cn
销售电话:(010)59757973
总 经 销:人民交通出版社股份有限公司发行部
经　　销:各地新华书店
印　　刷:北京虎彩文化传播有限公司
开　　本:720×960　1/16
印　　张:10
字　　数:175 千
版　　次:2021 年 8 月　第 1 版
印　　次:2021 年 8 月　第 1 次印刷
书　　号:ISBN 978-7-114-17489-6
定　　价:60.00 元

(有印刷、装订质量问题的图书由本公司负责调换)

前　言

PREFACE

作为“工业粮食”,2020 年煤炭占我国一次能源消费的 57%,是支撑国民经济发展最重要的基础能源。但受煤层赋存条件影响,我国 95.9% 的煤炭储量只能依靠井工方式开采。井工开采中,立井是运输人员、物料的重要通道,还承担着向井下输送空气的重要作用,因此立井的设计使用年限普遍超过 50 年。但由于煤矿立井深埋于地层中,不仅承受着地应力、自重、开采扰动等荷载作用,还受到地下水中腐蚀性介质的持续影响。特别当地下水与硫酸盐类及碳酸盐类岩层接触后,Ca^{2+}、SO_4^{2-} 和 HCO_3^- 等离子作用下所形成的高矿化度环境,不仅造成了部分井壁严重腐蚀,而且显著威胁了煤矿的安全生产。

二十世纪八九十年代的煤矿建设高峰时期,工程技术人员尚未认识到盐类腐蚀对立井井壁的危害性,此时所建立井普遍缺乏对盐类腐蚀的考虑,对高矿化度硫酸盐腐蚀的抵抗能力普遍不足。据不完全统计,高矿化度硫酸盐地下水已经造成陕西省双龙煤矿,山东省东滩煤矿,河南省顺和煤矿,安徽省临涣煤矿、童亭煤矿、海孜煤矿等数十个井筒形成不同程度的腐蚀破坏。不过,虽然腐蚀会造成井壁安全性降低,但由于设计时出于审慎往往还留有一定的安全冗余。如果安全冗余可以支持到煤炭资源开采完,即剩余服役寿命大于可开采年限,那么加强日常例行监测即可,可避免加固作业对煤矿生产秩序所造成的严重影响。

不过,目前立井井壁的剩余服役寿命预测还缺乏相关理论和方法支撑,剩余服役寿命基本靠工程技术人员“拍脑袋”决定。由于立井井壁关系到数千乃至上万名职工的生命安全,出于谨慎往往是一发现腐蚀就立刻进行井壁加固。这种“过度紧张”的维修方式,不仅耗资巨大,而且严重影响了煤矿的正常生产。鉴于此,本书提出了一种基于腐蚀机理调研、加速腐蚀试验模拟和理论推导的井壁安全性评价及剩余服役寿命预测方法。当所测算剩余服役寿命大于煤矿可开采时间时,加强井壁的日常监控即可;而若剩余服役寿命低于可开采时间,则应及时加固。本书为在役腐蚀井壁是否需要加固提供了科学决策的依据,避免了决策时的“拍脑袋”。

本书共分六章,以淮北矿务局童亭煤矿副井井壁为例,在分析高矿化度硫酸盐对立井井壁的腐蚀机理的基础上,研究不同加速腐蚀环境对现场腐蚀代表性,并建立加速腐蚀环境与现场腐蚀的当量加速关系,再通过灰色理论 GM(1,1)模型拓展数据维度后,基于井壁抗力标准值的理论推导和可靠度计算理论,建立井壁可靠度的时间函数,最终实现井壁剩余腐蚀寿命的预测。

感谢给予作者多年指导的北京科技大学纪洪广教授、刘娟红教授、李成江教授,北京建筑大学宋少民教授,清华大学王强副教授、阎培渝教授。团队内郝文茹、杨昊志等研究生参加了部分书稿的撰写和修订工作,在此感谢他们做出的贡献。本书的出版得到了北京市自然科学基金(8204058)、国家自然科学基金(51908022)、北京节能减排与城乡可持续发展省部共建协同创新中心的资助,在此一并表示感谢。

由于作者学术与理论水平有限,书中难免有疏漏和错误之处,敬请同仁、读者批评和指正。

作　者

2021 年 5 月

目　录
CONTENTS

第一章　绪论 …… 001

第一节　问题的提出 …… 003
第二节　混凝土硫酸盐腐蚀机理 …… 004

第二章　童亭煤矿副井损伤程度评价及腐蚀机理分析 …… 007

第一节　童亭煤矿副井概况 …… 010
第二节　童亭煤矿副井腐蚀损伤程度评价 …… 014
第三节　童亭煤矿副井腐蚀机理分析 …… 029
第四节　小结 …… 045

第三章　加速腐蚀试验腐蚀机理及损伤规律分析 …… 047

第一节　硫酸盐腐蚀环境下的加速试验 …… 049
第二节　加速腐蚀试验的机理分析 …… 056
第三节　井壁混凝土性能的腐蚀劣化规律研究 …… 062
第四节　小结 …… 078

第四章　加速腐蚀试验与井壁腐蚀的时间关系 …… 081

第一节　引言 …… 083
第二节　干湿循环腐蚀与现场的时间关系 …… 084

第三节　浸泡腐蚀与现场的时间关系 …… 088
第四节　小结 …… 099

第五章　腐蚀井壁的结构可靠性评价 …… 101

第一节　引言 …… 103
第二节　服役结构可靠性的特点及计算方法 …… 103
第三节　井壁结构可靠度的功能函数 …… 105
第四节　腐蚀井壁结构可靠度指标的时间函数 …… 108
第五节　小结 …… 110

第六章　童亭煤矿副井可靠度评价与剩余服役寿命预测 …… 111

第一节　引言 …… 113
第二节　井壁的荷载作用分类及计算 …… 114
第三节　腐蚀井壁 FLAC^{3D}模型的建立 …… 120
第四节　腐蚀对井壁塑性区及应力分布的影响分析 …… 130
第五节　腐蚀井壁的结构可靠度及剩余寿命评价 …… 141
第六节　小结 …… 149

参考文献 …… 151

CHAPTER 1

第一章

绪　论

第一节 问题的提出

作为土木工程最主要的材料之一，混凝土在多种影响因素作用下可能会出现耐久性不足的问题，硫酸盐腐蚀就是其中主要影响因素之一。不仅海水、盐湖和地下水中普遍含有 SO_4^{2-} 离子，混凝土的原料组分中也可能有硫酸盐成分。受硫酸盐腐蚀后，混凝土在发生膨胀、开裂、剥落等现象的同时，逐渐丧失强度和黏性，甚至完全丧失服役性能。从 19 世纪开始，硫酸盐造成混凝土性能劣化的问题就开始逐渐引起研究人员的关注。

最早因硫酸盐腐蚀破坏而引起广泛关注的工程是 1890 年德国 Magdcburg 的 Stern 桥。由于施工中打通了一处 SO_4^{2-} 浓度超 2000mg/L 的地下水，竣工不足两年时间内，硫酸盐腐蚀作用使桥墩膨胀增高了 88mm，最终导致桥梁破坏，以至于最后不得不拆除重建。1990 年美国 California 州的 Orange 县，多处混凝土基础发生硫酸盐腐蚀破坏，给当地经济造成了巨大的损失。我国的硫酸盐腐蚀问题也很严重，特别在西北部盐湖地区，硫酸盐不仅分布广泛而且含量相当高。其中，青海、新疆、西藏和内蒙古分别有盐湖 30、100、200 和 300 多个，SO_4^{2-} 的平均含量达到 340.51、269.39、195.45 和 278.96g/L，青海盐湖地区的不少混凝土结构基本上是"一年粉化，三年坍塌"。

据调查，美国 1975 年一年因腐蚀引起的损失就已经超过 700 亿美元，1985 年达到 1680 亿美元，到 20 世纪 90 年代，每年维修和重建费高达 3000 亿美元。在英国，始建于 1972 年的英格兰岛中部环形快车道共有 11 座高架桥，总长度 21km，建造费用为 2800 万英镑，而因撒除冰盐引起腐蚀破坏，使得仅 1989 年耗费的维修资金就达 4500 万英镑，是造价的 1.6 倍，并且估计 15 年内还要耗资 1.2 亿英镑，累计接近造价的 6 倍。2003 年出版的《中国腐蚀调查报告》中指出，我国硫酸盐腐蚀造成的经济损失约有 5000 亿元，其中青海某盐厂由于厂房腐蚀严重，使用仅 6 年后便停产，经济损失达 1 亿元人民币。

以往的井壁设计中，大多都考虑到了地压、竖向附加应力和温度应力等因素，但对盐害导致的井壁材料性能劣化并没有给予足够的重视。随着我国国民经济的高速发展，对能源需求的不断增加，在可预见的很长一段时间内，煤矿作为我国保障性支柱能源的地位不会改变，保障矿井井筒的长期安全性能和使用性能显得更为必要。

深部地下水中,常见的离子有 Cl^-、SO_4^{2-}、HCO_3^-、Na^+、K^+、Ca^{2+}、Mg^{2+} 等。不少研究人员认为混凝土地下结构的腐蚀主要由 Cl^- 和 SO_4^{2-} 离子引起,但显然这些离子对混凝土的作用并非孤立。多种离子存在的高矿化度硫酸盐地下水已经造成陕西省双龙煤矿,山东省东滩煤矿,河南省顺和煤矿,安徽省临涣煤矿、童亭煤矿、海孜煤矿等数十个井筒相继发生腐蚀破坏,严重威胁了煤矿的安全生产。当腐蚀性水沿着地层疏水导致附加应力破坏产生的开裂处、井壁的接茬处及设备开孔处等薄弱位置流淌进井壁内侧后,腐蚀性水大量流淌过的部位未见腐蚀,而少量渗水处却有严重腐蚀破坏。这种腐蚀现象是如何产生的,被腐蚀井壁还能服役多久,是否需要进行立即加固,这是当前非常迫切需要解决的问题。

第二节 混凝土硫酸盐腐蚀机理

混凝土是以水泥、掺合料为主要胶凝材料,与粗细集料、水及适量外加剂,以一定的比例配合后,经搅拌、成型及养护硬化而成的非均匀多孔材料,在浇筑、成型、硬化过程中不可避免地形成各种缺陷。SO_4^{2-} 随着腐蚀性水体沿着缺陷进入混凝土内部,会与水泥石中 $Ca(OH)_2$ 等组分发生一系列的化学反应生成 $CaSO_4 \cdot 2H_2O$ 等产物。由于 $CaSO_4 \cdot 2H_2O$ 等生成物的体积大于反应物,膨胀应力会导致混凝土破坏,而且水泥石中 $Ca(OH)_2$ 和 C-S-H 凝胶等组分的分解及溶出,又会进一步导致混凝土强度和黏结性能的降低。

一般认为,根据反应产物以及产生破坏现象的不同,可以将混凝土硫酸盐腐蚀分为以下几类:

1. 硫酸盐结晶型

在干湿循环状态下,吸水发生结晶膨胀:

$$Na_2SO_4 + 10H_2O \rightarrow Na_2SO_4 \cdot 10H_2O \tag{1-1}$$

$$MgSO_4 + 7H_2O \rightarrow MgSO_4 \cdot 7H_2O \tag{1-2}$$

2. 钙矾石结晶型

苏联的 B. B. Kind 等认为,当腐蚀溶液中 SO_4^{2-} 浓度小于 1000mg/L 时,只有

AFt(钙矾石)结晶形成,形成钙矾石结晶型腐蚀。

3. 石膏结晶型

当SO_4^{2-}的浓度大于1000mg/L时,腐蚀性介质中硫酸盐会同水泥浆体中的$Ca(OH)_2$发生化学反应,在生成AFt的同时,也有$CaSO_4 \cdot 2H_2O$生成,形成石膏结晶型腐蚀。

4. 硫酸镁溶蚀结晶型

$MgSO_4$与水泥浆体中的$Ca(OH)_2$发生化学反应,除了生成膨胀性$CaSO_4 \cdot 2H_2O$外,还生成难溶解的$Mg(OH)_2$。若腐蚀介质处于静止状态,难溶解的$Mg(OH)_2$在混凝土表层形成一层保护膜,一定程度上可阻止进一步腐蚀。

5. 碳硫硅钙石结晶型

碳硫硅钙石型硫酸盐腐蚀,一般认为有两种形成机理,即钙矾石转变机理和溶液反应机理。其中,溶液反应机理认为,碳硫硅钙石是混凝土中的SO_4^{2-}、$CaCO_3$、Si_4^{+}等通过反应形成:

$$3Ca^{2+} + SO_4^{2-} + CO_3^{2-} + [Si(OH)_6]^{2-} + 12H^{+} \rightarrow Ca[Si(OH)_6](CO_3)(SO_4) \cdot 2H_2O \tag{1-3}$$

一旦形成碳硫硅钙石晶核,更多的碳硫硅钙石可能直接从溶液中不断生成,随着无胶结力的碳硫硅钙石的形成和水泥石中起主要胶结作用的C-S-H凝胶的耗尽,结构材料变成泥状而失去强度。

CHAPTER 2

第二章

童亭煤矿副井损伤程度评价及腐蚀机理分析

作为矿山工程中井下开采作业的“咽喉”，立井井筒的结构安全是矿山安全生产的前提。一些位于地下深部的井壁，不仅要承受复杂多变的外荷载，地下水中 SO_4^{2-}、Cl^- 等腐蚀性离子对井壁也有强烈的腐蚀作用。虽然井筒设计使用年限普通在 50 年以上，但部分井壁在服役初期就发生了很严重的破坏。

临涣矿区的地下水中 SO_4^{2-} 与 Ca^{2+} 浓度较高，部分立井在基岩段存在着多个出水点。这些出水点按出水位置和水量，可以分为两类：一类是井壁浇筑接缝渗水点，这类出水点的水量很小，以至于仅使附近井壁的表面湿润；另一类是施工孔出水点，这类出水点的水量较大，通常在 1L/min 以上。前一类出水点虽然水量小，但沿着浇筑接缝一周的混凝土发生鼓胀破坏，水泥石与集料间失去胶结，腐蚀程度严重。后一类出水点虽然水量大，但腐蚀性水在流淌过的井壁表面形成了一层白色致密物，致密层覆盖下的井壁混凝土表观完整，没有腐蚀迹象。

童亭煤矿副井基岩段的严重腐蚀部位主要有 4 处，分别位于 -346、-355.5、-359 和 -370m 浇筑接缝附近。其中 -355.5m 腐蚀段的腐蚀情况最严重。该腐蚀段在竖向 400mm，深度 80mm 左右范围内，混凝土强度完全丧失，用手捏之即碎。腐蚀混凝土表面有明显鼓胀，并覆盖着一些白色粉末，如图 2-1a）所示。用铲子将表面腐蚀层铲除后，可以看到腐蚀混凝土内部不仅水泥石成分难以辨别，部分集料也变得松散，如图 2-1b）所示。

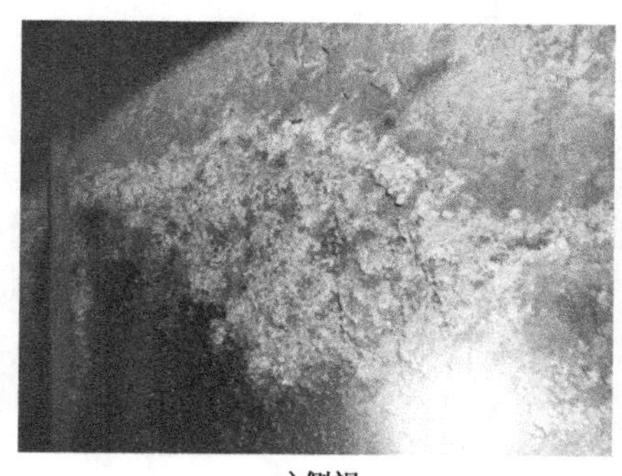

a）侧视

b）正视

图 2-1　童亭煤矿副井 -355.5m 处腐蚀情况图

施工孔出水点由于出水量较大，在井壁表面形成的水流沿着井壁向下流动，最终汇集于马头门集水槽。将沉积物和致密层清除后，可见井壁表观平整，几乎没有腐蚀迹象，如图 2-2 所示。

2014 年，对严重腐蚀区域、致密层保护下的井壁和干燥井壁，各选取几个典型位置，通过非金属超声检测仪和回弹仪对其腐蚀深度以及强度进行了检测，对童亭煤矿副井的腐蚀程度进行了评价。除使用光谱仪和离子色谱仪对腐蚀性水的离子成分进行分析外，结合对腐蚀混凝土、致密层及致密层覆盖下井壁的物相组成及微观结构的分析，研究了不同部位腐蚀程度差异产生的原因。

a) -430m井壁外观

b) -396m井壁外观

图 2-2 清除覆盖物后的井壁

第一节 童亭煤矿副井概况

童亭煤矿位于安徽省淮北市濉溪县五沟镇，北距淮北市 42km，东距宿州市 30km，井田面积 16km^2。童亭煤矿始建于 1979 年 10 月，并于 1989 年 11 月建成投产，以生产肥煤、焦煤为主，设计年生产能力 90 万 t。矿井采用立井开拓方式，中央分列式通风，开采上限为 -265m，含可采煤层 6 层。

一、地层与井筒概况

童亭煤矿目前有立井 3 个，其中主、副井相距 36.5m，位于井田中央深部位置，风井位于井田偏东的浅部位置，地面高程均为 28.5m。

童亭煤矿主井井深 594.75m，采用预制钢筋混凝土井壁，使用钻井法施工，钻井机械采用西德 L-40/800 型钻机。上口至 -139.5m 井筒设计净径 5.5m，预制井壁厚度 350mm；-139.5m 至 -293.6m 设计净径 5.3m，井壁厚度 450mm；-293.6m以下设计净径 5.0m。主井成井后，采用水泥浆进行壁后充填。

童亭煤矿副井的总深 551.5m(包括 23m 井底水窝)。表土段 300m 设计净径6.8m，使用我国自行研制的SZ-9/700型9m竖井钻机，采用钻井法进行施工，井壁采用厚度600mm的钢筋混凝土预制井壁，每节井壁高5m，节与节之间采用钢板法兰连接，壁后充填水泥浆和石子。-300m以下采用普通法施工，井筒设计净径6.5m，450mm厚混凝土井壁。基岩穿过的主要岩层有泥岩、粉砂岩、细砂岩及两个薄煤层组。岩石硬度系数f多为4~6，砂岩f为6~8，局部砂岩f可达10。基岩段有3个含水层，采用超前钻探水和工作面预注浆措施，实现打干井。采用长段高掘砌、单行作业方式，以60~80mm后喷射混凝土作临时支护，绳捆装配式钢模板砌壁。

风井井口高程28.5m，井深298.46m，表土层厚225.3m。采用冻结法施工，井壁采用900mm双层钢筋混凝土，净径5.0m。风井于1980年10月开工，1983年3月竣工。

表2-1为童亭煤矿副井所穿越地层的岩性情况。

童亭煤矿副井地层概况　表2-1

序号	岩层名称	层厚(m)	累计层厚(m)	序号	岩层名称	层厚(m)	累计层厚(m)
1	砂质黏土	4.5	4.5	19	粉砂	2.2	66.5
2	黏土质砂	1.75	6.25	20	黏土质砂	8.1	74.6
3	砂质黏土	2.85	9.1	21	砂质黏土	5.7	80.3
4	中粗砂	6.3	15.4	22	黏土质砂	3	83.3
5	黏土质砂	2.8	18.2	23	细砂	8.1	91.4
6	粉砂	2.1	20.3	24	砂质黏土	7.5	98.9
7	砂质黏土	1.8	22.1	25	黏土质砂	4.8	103.7
8	黏土质砂	3	25.1	26	黏土	17.7	121.4
9	砂质黏土	2.8	27.9	27	砂质黏土	3.5	124.9
10	粉砂	4.4	32.3	28	黏土	7.2	132.1
11	砂质黏土	3.8	36.1	29	黏土质砂	3.6	135.7
12	黏土质砂	4.2	40.3	30	黏土	7.2	142.9
13	砂质黏土	7.6	47.9	31	砂质黏土	2.8	145.7
14	粉砂	4.1	52	32	黏土质砂	3	148.7
15	砂质黏土	1.9	53.9	33	细砂	14.3	163
16	细砂	1.5	55.4	34	黏土质砂	4.8	167.8
17	砂质黏土	6.9	62.3	35	细砂	2.7	170.5
18	黏土质砂	2	64.3	36	中砂	4	174.5

续上表

序号	岩层名称	层厚(m)	累计层厚(m)	序号	岩层名称	层厚(m)	累计层厚(m)
37	黏土	4.4	178.9	67	细砂岩	0.6	326.37
38	砂质泥岩	4.3	183.2	68	泥岩	4.35	330.72
39	黏土	3.1	186.3	69	粗粉砂岩	0.9	331.62
40	砂质黏土	9.8	196.1	70	泥岩	5.25	336.87
41	黏土质砂	3.6	199.7	71	粗粉砂岩	1.6	338.47
42	黏土	6.4	206.1	72	泥岩	0.7	339.17
43	黏土质砂	7.8	213.9	73	粉砂岩	7.03	346.2
44	黏土	4.4	218.3	74	细粉砂岩	3.5	349.7
45	黏土质砂	2.6	220.9	75	细砂岩	1	350.7
46	细砂	2.5	223.4	76	泥岩	1.8	352.5
47	黏土质砂	3.7	227.1	77	粉砂岩	1.55	354.05
48	砂砾	3.4	230.5	78	中细砂岩	2.45	356.5
49	细砂岩	3.2	233.7	79	粉砂岩	1.2	357.7
50	泥岩	7.5	241.2	80	细砂岩	0.45	358.15
51	粗粉砂岩	4.7	245.9	81	泥岩	11.2	369.35
52	泥岩	6.8	252.7	82	粉砂岩	3.1	372.45
53	细砂岩	1.5	254.2	83	中细砂岩	6.4	378.85
54	泥岩	6.1	260.3	84	泥岩	1.5	380.35
55	粉砂岩	3.8	264.1	85	粉砂岩	3	383.35
56	中砂岩	1.8	265.9	86	泥岩	3.8	387.15
57	粉砂岩	3.4	269.3	87	粉砂岩	3.6	390.75
58	中砂岩	5.7	275	88	细砂岩	3.5	394.25
59	粗粉砂岩	3.9	278.9	89	泥岩	12	406.25
60	细砂岩	0.9	279.8	90	粗粉砂岩	9.8	416.05
61	细粉砂岩	9.3	289.1	91	泥岩	7.48	423.53
62	泥岩	28.97	318.07	92	煤	0.4	423.93
63	粗粉砂岩	0.4	318.47	93	泥岩	2.65	426.58
64	泥岩	1.4	319.87	94	煤	0.35	426.93
65	粗粉砂岩	2.2	322.07	95	炭质泥岩	0.6	427.53
66	泥岩	3.7	325.77	96	细粉砂岩	1.83	429.36

续上表

序号	岩层名称	层厚(m)	累计层厚(m)	序号	岩层名称	层厚(m)	累计层厚(m)
97	煤	0.38	429.74	115	泥岩	3.3	503.45
98	细砂岩	3.1	432.84	116	煤	0.1	503.55
99	煤	1.2	434.04	117	泥岩	3	506.55
100	泥岩	12.06	446.1	118	泥岩	2.2	508.75
101	细砂岩	1.16	447.26	119	泥岩	1	509.75
102	泥岩	2.45	449.71	120	煤	0.4	510.15
103	细砂岩	1.6	451.31	121	细砂岩	2.93	513.08
104	泥岩	15.74	467.05	122	煤	0.6	513.68
105	细砂岩	1.2	468.25	123	细砂岩	0.6	514.28
106	泥岩	3.8	472.05	124	煤	0.4	514.68
107	粉砂岩	3.6	475.65	125	泥岩	0.5	515.18
108	泥岩	12.9	488.55	126	粉砂岩	12.67	527.85
109	粗粉砂岩	2.7	491.25	127	煤	0.1	527.95
110	中细砂岩	2.1	493.35	128	泥岩	15.2	543.15
111	泥岩	2.49	495.84	129	细砂岩	1.2	544.35
112	细砂岩	3	498.84	130	含铝泥岩	1.7	546.05
113	泥岩	1	499.84	131	泥岩	7.686	553.736
114	煤	0.31	500.15				

二、水文概况

童亭煤矿副井表土段共有 4 个含水层,依次为新生界一至四含。基岩段主要有 3 个含水层,分别为 3 煤砂岩(K_3)含水层、7 ~ 8 煤砂岩含水层和 10 煤上下砂岩含水层。童亭煤矿范围内,这 7 个含水层的主要水文地质特征见表 2-2。

区域含水层主要水文地质特征表 表 2-2

含水层名称	厚度(m)	Q[L/(s·m)]	K(m/d)	富水性	水质类型
新生界一含	15 ~ 30	0.1 ~ 5.35	1.03 ~ 8.67	中 ~ 强	HCO_3-Na · Mg
新生界二含	10 ~ 60	0.1 ~ 3	0.92 ~ 10.95	中 ~ 强	HCO_3 · SO_4-Na · Ca HCO_3-Na · Ca
新生界三含	20 ~ 80	0.143 ~ 1.21	0.513 ~ 5.47	中等	SO_4 · HCO_3-Na · Ca HCO_3 · SO_4-Na · Ca

续上表

含水层名称	厚度(m)	Q[L/(s·m)]	K(m/d)	富水性	水质类型
新生界四含	0~57	0.00024~2.635	0.0011~5.8	弱~中	SO_4·HCO_3-Na·Ca HCO_3·Cl-Na·Ca
3煤砂岩(K_3)含水层	20~60	0.02~0.87	0.023~2.65	弱	HCO_3·Cl-Na·Ca SO_4-Ca·Na
7~8煤砂岩含水层	20~40	0.0022~0.12	0.0066~1.45	弱	HCO_3·Cl-Na·Ca SO_4-Ca·Na
10煤上下砂岩含水层	25~40	0.003~0.13	0.009~0.67	弱	HCO_3·Cl-Na HCO_3-Na

副井穿越的含水层中,除了新生界一含和10煤上下砂岩含水层外,其余5个含水层都富含 Ca^{2+} 和 SO_4^{2-} 离子。不仅穿越这些含水层的井壁段会与腐蚀性水发生接触,由于地层中断层及构造裂隙,以及在井壁开挖支护过程中,围岩损伤形成的高渗透性水力通道的存在,更大范围的井壁都与腐蚀性水发生着接触。

第二节 童亭煤矿副井腐蚀损伤程度评价

进入童亭煤矿副井内的渗水,来自周围高矿化度硫酸盐地下水。腐蚀性水侵入混凝土内部后,发生物理化学反应,生成一些易溶、易水解、易膨胀的物质,使井壁混凝土性能下降,承载能力降低,最终对井壁安全服役造成威胁。

取芯法等有损检测方法,必然对井壁结构有一定的破坏,对煤矿安全生产造成严重不利影响。因此对童亭煤矿副井的腐蚀程度评价,主要采用无损检测方法进行。常用的混凝土检测方法有回弹法、超声法、超声-回弹综合法、冲击回波法、雷达法、红外成像法、超声波CT法,以及半破损的钻芯法和拔出法。其中,超声法、超声-回弹综合法和回弹法,因其准确度高且操作简便而被广泛使用。以腐蚀严重区域、致密层保护下的井壁和干燥井壁为特征部位,采用超声法和回弹法对井壁腐蚀程度进行了评价。

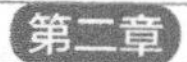

一、检测仪器及检测依据

根据《超声法检测混凝土缺陷技术规程》(CECS 21—2000),超声法检测混凝土表面损伤层厚度,一般包括逐层穿透法和单面平测法两种。逐层穿透法虽然精度更高,但逐层穿透法的测试对象必须是一对布置有若干测试孔的平行损伤面,将换能器放置于不同深度的测试孔中进行测试。而立井的外侧深埋于地层中,在外侧钻孔不仅在施工上存在难度,而且会对井壁结构产生破坏,违背了无损检测的初衷。单面平测法仅需要一个测面就可进行检测,不用钻孔,操作上也更为简便,虽然精度不及逐层穿透法,但是基本可以满足井壁腐蚀深度检测的精度要求。

超声检测仪器采用 NM-4B 型非金属超声检测仪,如图 2-3a)所示。该仪器由北京康科瑞公司生产,声耦合剂采用凡士林。回弹仪采用由陕西省建筑科学研究院监制生产的 ZC3-A 型混凝土回弹仪,如图 2-3b)所示。该回弹仪符合《回弹法检测混凝土抗压强度技术规程》(JGJ/T 23—2011)要求,可检测强度 10 ~ 60MPa 范围内的混凝土。

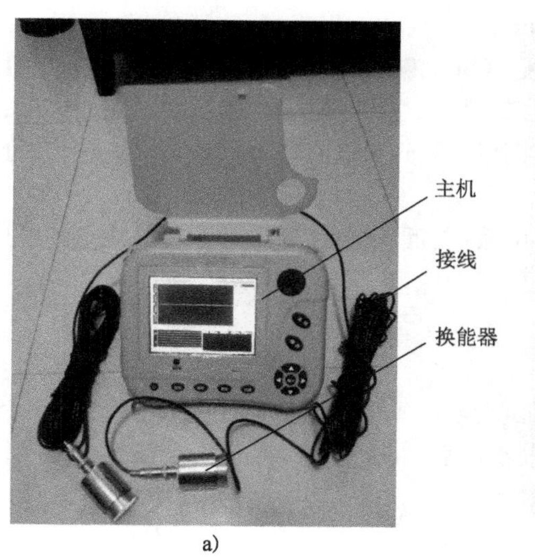

a)

b)

图 2-3 超声检测仪(左)和回弹仪(右)

通过现场实测,部分腐蚀层声波的传输速度仅有 2.5m/s,而根据《超声回弹综合法检测混凝土强度技术规程》(CECS 02—2005)附录 C,测区混凝土抗压强度换算中，声速低于 3.8m/s 的混凝土，其回弹值不能换算成抗压强度。鉴于此，井壁混凝土的强度测试参照《回弹法检测混凝土抗压强度技术规程》(JGJ/T 23—2011)，使用回弹法进行。

二、检测步骤及检测数据的处理方法

现场测试的主要步骤如下：

(1)检测前，对测试区域上覆盖的沉积物和致密层使用小铲子小心清除。若测试区域位于过水范围内，则使用毛巾和保鲜膜在测试区域上方进行拦水，为超声监测仪换能器及回弹仪的操作提供相对干燥的作业环境。

(2)在有代表性之处，尽量布置 6 个测区，每个测区的尺寸 20cm×20cm，依次编号后，记录各测区的表观情况。每个测区弹击 16 点，记录回弹值。

(3)选择测区内未回弹部位，用干布擦拭至表面无水，吹风晾干后，用圆头钉锤在测区表面凿击出直径约 15mm 的孔洞，用干布擦净孔洞中的粉末和碎屑。采用浓度为 1% 的酚酞酒精溶液滴在孔洞内壁的边缘处，当已碳化与未碳化界线清楚时，再用尺子测量交界面到混凝土表面的垂直距离，测量不应少于 3 次，取其平均值，每次读数精确至 0.5mm。

(4)对于换算强度小于设计强度(C30)的井壁，若其表面平整，具备测量条件，则采用超声单面平测法测其腐蚀层厚度。将发射换能器上涂抹凡士林后，以 20N 的压力按在测试点不动，并在测距 $l=5$cm、10cm、15cm、20cm、25cm 时，分别测读相应声时值 t。

检测数据主要分回弹数据和超声数据，回弹数据主要用于求出井壁的强度，而超声数据则用于得到井壁混凝土的腐蚀深度。

1. 回弹数据分析

根据《回弹法检测混凝土抗压强度技术规程》(JGJ/T 23—2011)，在 16 个测点中，分别剔除 3 个最大值和 3 个最小值后，将剩余的 10 个测点按式(2-1)计算平均值。

$$R_{\mathrm{m}}=\frac{\sum_{i=1}^{10}R_i}{10} \tag{2-1}$$

式中：R_{m}——测区平均回弹值，精确至 0.1；

R_i——第 i 个测点的回弹值。

每个测区的强度换算值,可用该测区的平均强度 R_m 和平均碳化深度 d_m 在《回弹法检测混凝土抗压强度技术规程》(JGJ/T 23—2011)的附录 D 查表得出。当测区不少于 10 个时,该测试部位的混凝土强度推定值 $f_{cu,e}$ 可以按式(2-2)计算:

$$f_{cu,e} = m_{f^c_{cu}} - 1.645 S_{f^c_{cu}} \tag{2-2}$$

式中:$m_{f^c_{cu}}$——测区混凝土强度换算值的平均值(MPa);

$S_{f^c_{cu}}$——测区混凝土强度换算值的标准差(MPa)。

由于罐道梁上站人面积十分有限,当某一测试部位测区不足 10 个时,按照《回弹法检测混凝土抗压强度技术规程》(JGJ/T 23—2011)中第 7.0.1 条,混凝土强度推定值 $f_{cu,e}$ 可按式(2-3)进行计算:

$$f_{cu,e} = f^c_{cu,min} \tag{2-3}$$

式中:$f^c_{cu,min}$——构件中最小的测区混凝土强度换算值(MPa)。

当测区强度值小于 10MPa 时,强度推定值按式(2-4)确定:

$$f_{cu,e} < 10\text{MPa} \tag{2-4}$$

2. 超声数据分析

腐蚀混凝土构件往往都是表面腐蚀最严重,越往里面腐蚀程度越轻。国外一些研究人员,在使用射线照相法观察受化学腐蚀混凝土的腐蚀情况时,也证明了这一规律的存在。从工程实测结果来看,腐蚀层声速的分布是连续圆滑的,如图 2-4a)所示。但为了计算方便,一般都假定混凝土的损伤部位与未损伤部位具有明显的分界线,将腐蚀混凝土简单地分为损伤层与未损伤层两层来考虑,计算模型如图 2-4b)所示。v_a 和 v_f 分别为未损伤层和腐蚀层混凝土声速。

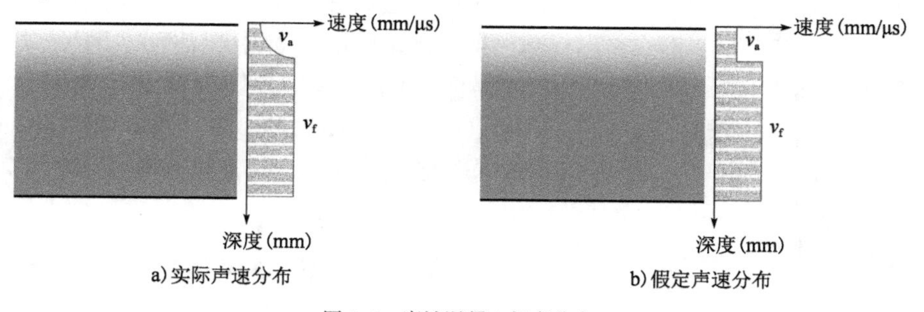

图 2-4 腐蚀混凝土超声分布

将发射换能器T与接收换能器R放置于腐蚀混凝土的表面，当它们之间的间距较近时，由于脉冲波沿表面腐蚀层传播的时间更短，沿表面腐蚀层传播的脉冲波首先到达接收换能器R，此时声时值反映了腐蚀层混凝土的传播速度。而当发射和接收换能器的间距较大时，脉冲波垂直通过损伤层再沿着内部未损伤层传播的时间最短，此时的声时较多反映出未损伤层的声波传播速度。而当T与R换能器的间距达到某一测距L_0时，沿腐蚀层传播的脉冲波与经过两次角度沿未损伤混凝土传播的脉冲波同时到达接收换能器，此时有下面的等式(2-5)。

$$\frac{L_0}{v_f}=\frac{2\sqrt{d_{fc}^2+x^2}}{v_f}+\frac{L_0-2x}{v_a} \tag{2-5}$$

式中：x——穿过腐蚀层传播路径的水平投影(mm)；

L_0——声速突变点处两换能器间的距离(mm)；

v_f——腐蚀层混凝土声速(mm/μs)；

v_a——未损伤混凝土声速(mm/μs)。

由式(2-5)可得腐蚀层厚度d_{fc}的计算式(2-6)。

$$d_{fc}=\frac{L_0}{2}\sqrt{\frac{v_a-v_f}{v_a+v_f}} \tag{2-6}$$

三、典型部位的腐蚀程度检测

童亭煤矿副井基岩段长度251.5m。若对基岩段井壁进行全面检测，不仅费时费力，还会严重影响煤矿的正常生产活动。因此，井壁腐蚀程度检测选择在有代表性部位进行。在-346、-355.5、-357、-359、-370和-430m，每个深度选择1~3个部位进行检测，如图2-5所示。

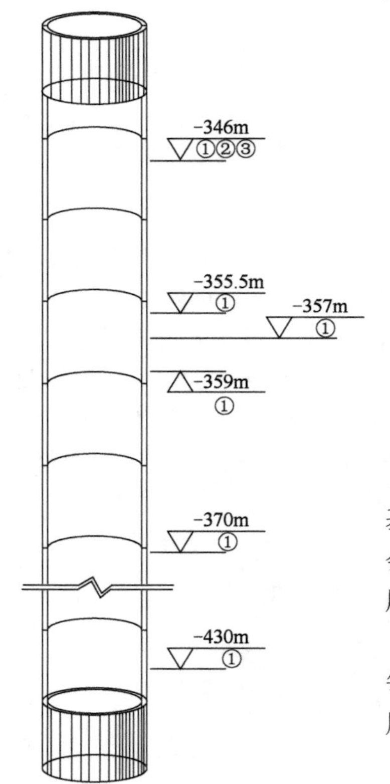

图2-5 童亭煤矿副井检测部位示意图

1. 童亭煤矿副井-346m

童亭煤矿副井主要腐蚀区域有4个，分别位

于 -346、-355.5、-359 和 -370m。-346m 腐蚀段的腐蚀程度在这 4 个腐蚀段中相对较轻。该腐蚀段在 -346m 上下 10cm 的范围内,混凝土有轻微鼓胀,鼓胀部分混凝土表面虽然有湿润感,但没有明显的水流形成。将腐蚀部分凿开后,可以清晰地看到浇筑接缝的存在,并有水沿着凿开处流出。-346m 上方干燥井壁呈灰褐色,表观情况良好,如图 2-6 所示,检测位置如图 2-7 所示。

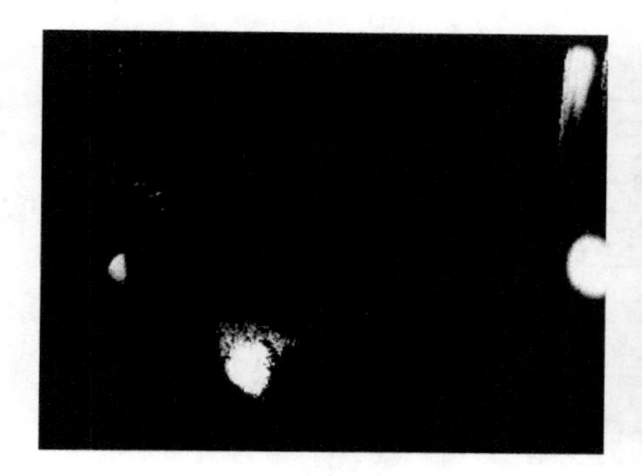

a)井壁北侧1

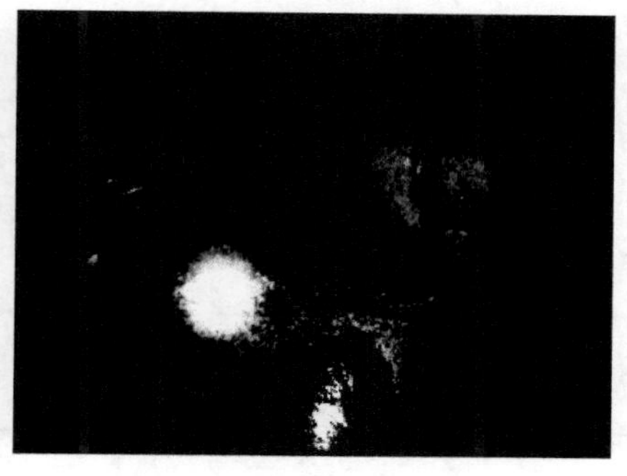

b)井壁北侧2

图 2-6 童亭煤矿副井 -346m 腐蚀段

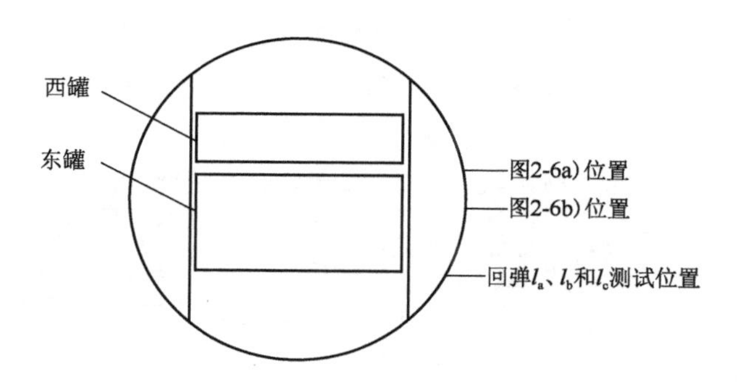

图 2-7 童亭煤矿副井 -346m 检测位置示意图

-346m 腐蚀段的严重腐蚀层厚约 30mm,严重腐蚀区域内混凝土的净浆硬化体与集料均风化破碎成小颗粒。用铲子小心将表面严重腐蚀区域清除后,其表面呈蜂窝状,进一步清理干净并修整后进行回弹检测,记录为 l_a。回弹检测 l_a 中,沿井壁周向布置有回弹测区 6 个,从左到右依次编号,每个测区有 16 个回弹测点。回弹值、碳化深度及推定强度见表 2-3。

童亭煤矿副井 –346m 回弹检测数据(l_a)　　表 2-3

测区编号	回弹值								代表值	碳化深度(mm)	强度(MPa)	
											换算值	推定值
1	24	21	18	24	16	24	23	18	20.7	0	11.1	<10
	22	22	20	20	19	24	17	17				
2	24	26	26	25	19	21	21	24	23.7	0	14.5	
	24	24	26	24	22	24	25	20				
3	19	18	20	17	22	23	22	17	19.6	0	<10	
	23	19	18	18	21	18	19	23				
4	23	23	20	24	19	20	23	24	21.2	0	11.6	
	22	21	20	19	22	19	20	21				
5	22	24	18	19	19	15	16	22	19.1	0	<10	
	18	17	19	15	24	24	21	16				
6	23	21	17	25	23	22	19	18	21.7	0	12.2	
	19	26	18	25	23	24	17	25				

–346m 下方的渗水结束处,受罐道梁上的作业范围限制,田字形布置回弹测区 4 个,每个测区也有 16 个回弹测点。回弹值、碳化深度和推定强度见表 2-4。渗水处向上 2m 干燥井壁设置测区 6 个,以两行三列的形式布置,并依次编号。每个测区测试 16 个回弹测点。回弹值、碳化深度和推定强度见表 2-5。

童亭煤矿副井 –346m 下方渗水结束处回弹数据(l_b)　　表 2-4

测区编号	回弹值								代表值	碳化深度(mm)	强度(MPa)	
											换算值	推定值
1	45	37	35	40	42	44	42	43	41.1	2	36.15	32.7
	43	42	40	39	43	41	39	38				
2	38	42	44	37	45	42	39	41	39.7	2.5	32.85	
	33	40	34	34	41	43	33	46				
3	39	38	44	38	46	38	40	34	38.8	2	32.7	
	37	37	46	36	39	42	37	40				
4	44	40	44	41	41	37	37	37	39.9	2	34.35	
	44	32	41	45	35	39	42	32				

童亭煤矿副井 -346m 回弹数据(l_c)　　表 2-5

测区编号	回弹值								代表值	碳化深度(mm)	强度(MPa)	
											换算值	推定值
1	40	42	44	44	43	39	37	44	41	3.5	32.3	31
	39	37	40	36	36	44	43	37				
2	36	35	41	41	37	45	36	45	40.1	3.5	31	
	38	45	42	36	42	42	41	41				
3	41	43	46	38	41	41	46	37	39.7	3	31.3	
	36	39	44	39	37	37	36	41				
4	42	38	40	46	42	44	44	45	42.1	3	35.1	
	44	45	42	43	38	41	39	39				
5	48	40	42	44	40	40	40	44	41.5	2.5	35.6	
	39	42	39	48	45	40	43	39				
6	42	43	44	39	43	42	42	41	41.8	3	34.5	
	41	42	44	41	39	41	43	41				

可见，-346m 渗水腐蚀处，极易剥落的 30mm 左右强腐蚀层下仍有腐蚀层，但渗水结束处及旁边干燥井壁的强度分别为 32.7MPa 和 31.0MPa，满足原井壁 C30 的设计强度。

2. 童亭煤矿副井 -355.5m

同 -346m 腐蚀段类似，-355.5m 腐蚀段表面也有湿润感，但水量较小，不足以形成水流，如图 2-8 ~ 图 2-10 所示。

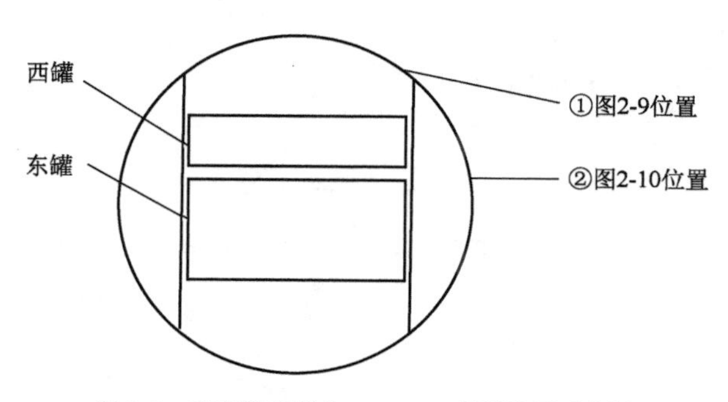

图 2-8　童亭煤矿副井 -355.5m 检测位置示意图

图 2-9　童亭煤矿副井 -355.5m 图 2-8①位置

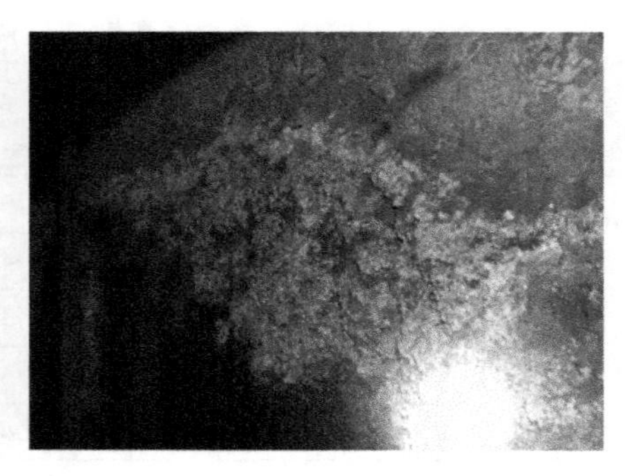

图 2-10　童亭煤矿副井 -355.5m 图 2-8②位置

-355.5m 腐蚀段作为童亭煤矿副井腐蚀最严重的部位,浇筑接缝上下 200mm 范围内的井壁混凝土沿环向鼓胀破坏,可用铲子进行清除的严重腐蚀层就有 80mm 左右。严重腐蚀区域内,集料与净浆硬化体之间的胶结力完全丧失,集料自身也风化严重,呈片状破坏,用手捏之即可粉碎。对于厚度为 450mm 的混凝土现浇井壁而言,如此严重的腐蚀应予以关注。

3. 童亭煤矿副井 -357m

童亭煤矿副井出水量最大的出水点位于 -357m 处,将该出水孔内沉积物清理完后,可见该出水点为一个直径约 5cm 的规则圆形(图 2-11),是人工钻孔的可能性较大。壁后注浆等施工,都需要先进行井壁钻孔,并在施工完毕后用材料进行封孔,但童亭煤矿副井地下水中富含 SO_4^{2-} 等腐蚀性离子,封孔材料在水压及环境水腐蚀作用下而发生脱落,形成施工孔出水点(图 2-12)。出水点下过水面的井壁表面有稍许沉积层和少量致密层,拨开后可以看到完整的井壁。过水面井壁与旁边干燥井壁除了颜色上,其他外观上差距不大。对混凝土过水面和旁边干燥井壁,分别采用回弹仪进行了检测。

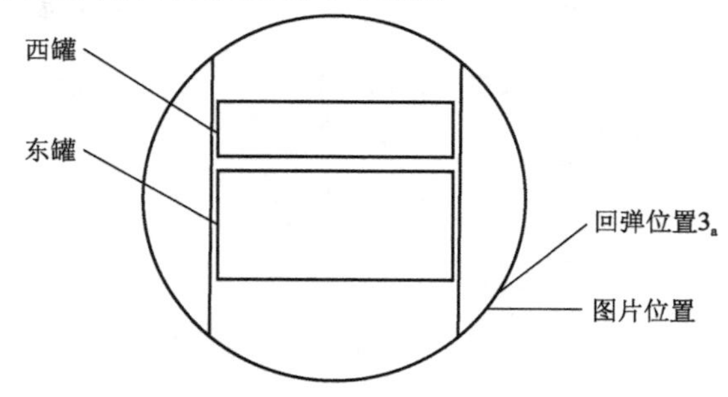

图 2-11　童亭煤矿副井 -357m 检测位置示意图

图 2-12 童亭煤矿副井 -357m 施工孔出水点

由于作业面积受限,过水面布置测区 4 个,自上而下依次编号,每个测区 16 个测点。回弹值、碳化深度和推定强度见表 2-6。

童亭煤矿副井 -357m 过水面回弹数据(3_a) 表 2-6

测区编号	回弹值								代表值	碳化深度(mm)	强度(MPa)	
											换算值	推定值
1	40	44	43	45	42	41	39	44	41.8	2.5	36	34
	41	46	39	42	38	40	41	46				
2	41	39	44	43	41	42	43	40	41.5	3	34	
	43	41	40	40	42	41	41	43				
3	47	47	40	41	47	41	44	41	42.4	2	38.3	
	40	41	40	44	40	43	46	43				
4	40	46	45	46	40	43	39	41	42.7	2	38.9	
	44	39	44	43	42	42	45	43				

过水面旁干燥井壁布置测区 6 个,自上而下依次编号,每个测区 16 个测点。回弹值、碳化深度和推定强度见表 2-7。

童亭煤矿副井 -357m 干燥井壁回弹数据(3_b)　　表 2-7

测区编号	回弹值								代表值	碳化深度(mm)	强度(MPa) 换算值	强度(MPa) 推定值
1	39	40	39	41	36	41	38	40	39.4	3	31	31
	41	37	41	39	39	37	39	40				
2	38	40	41	38	39	42	43	43	40.2	2.5	33.6	
	43	42	39	38	38	39	41	41				
3	42	44	45	44	40	44	40	41	41.6	3.5	33.3	
	42	39	42	40	42	43	40	40				
4	41	41	40	44	44	40	42	42	41.4	3	33.8	
	41	43	40	45	40	41	41	42				
5	37	39	36	43	38	39	38	42	38.2	2	31.8	
	38	38	37	37	37	41	37	43				
6	40	42	37	42	36	36	37	36	38.7	3	30.3	
	36	37	39	42	41	40	40	40				

可见,过水面附近干燥井壁强度推定值为 31.0MPa,略小于过水面井壁的推定强度 34.0MPa,但都高于井壁强度设计值。

4. 童亭煤矿副井 -359m

-359m 腐蚀段的腐蚀程度较轻,其表面湿润也未见明显渗流,湿润面向上最大延伸约 0.5m,向下延伸 1~3m。上方施工孔出水点的出水经该腐蚀段的交接范围仅为 1m 左右。清除表面 45mm 左右的强腐蚀层后,进行回弹检测,如图 2-13、图 2-14 所示。

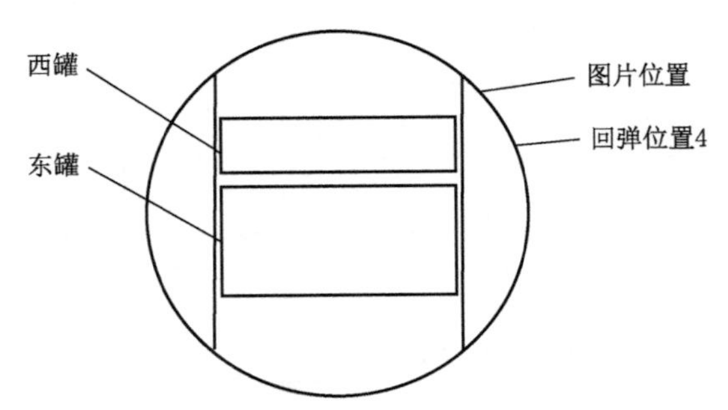

图 2-13　童亭煤矿副井 -359m 检测位置示意图

图 2-14 童亭煤矿副井 -359m 腐蚀段

受作业面限制，该区域沿井壁自左向右布置测区 6 个，每个测区测试 16 个回弹测点。回弹值、碳化深度和推定强度见表 2-8。

童亭煤矿副井 -359m 腐蚀段回弹数据(4) 表 2-8

<table>
<tr><th rowspan="2">测区编号</th><th rowspan="2" colspan="8">回 弹 值</th><th rowspan="2">代表值</th><th rowspan="2">碳化深度(mm)</th><th colspan="2">强度(MPa)</th></tr>
<tr><th>换算值</th><th>推定值</th></tr>
<tr><td rowspan="2">1</td><td>19</td><td>21</td><td>22</td><td>23</td><td>18</td><td>18</td><td>22</td><td>23</td><td rowspan="2">21.1</td><td rowspan="2">0</td><td rowspan="2">11.5</td><td rowspan="6">11.5</td></tr>
<tr><td>20</td><td>23</td><td>22</td><td>22</td><td>21</td><td>19</td><td>25</td><td>18</td></tr>
<tr><td rowspan="2">2</td><td>24</td><td>23</td><td>25</td><td>20</td><td>20</td><td>25</td><td>25</td><td>20</td><td rowspan="2">21.8</td><td rowspan="2">0</td><td rowspan="2">12.3</td></tr>
<tr><td>19</td><td>21</td><td>20</td><td>24</td><td>23</td><td>22</td><td>21</td><td>19</td></tr>
<tr><td rowspan="2">3</td><td>24</td><td>23</td><td>22</td><td>22</td><td>24</td><td>23</td><td>21</td><td>18</td><td rowspan="2">22.7</td><td rowspan="2">0</td><td rowspan="2">13.3</td></tr>
<tr><td>22</td><td>25</td><td>22</td><td>19</td><td>20</td><td>25</td><td>25</td><td>24</td></tr>
</table>

揭开表面强腐蚀层后，混凝土推定强度仅有 11.5MPa，低于设计井壁设计强度 30MPa。但由于蜂窝面的存在，无法采用超声平测法检测下方的腐蚀深度。

5. 童亭煤矿副井 -370m

此处井壁在高度 30～50cm 范围内，沿着周向井壁混凝土鼓胀破坏，腐蚀区域表面覆盖着 2～3mm 厚的黑色物质。井壁表面有明显渗水，但渗水量较小，不足以形成淋水，如图 2-15 所示。

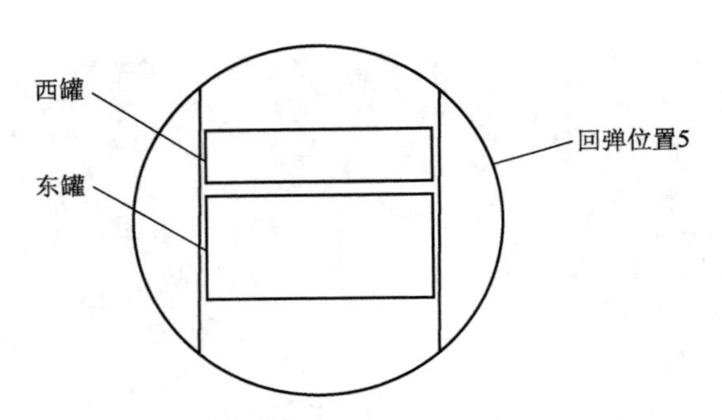

图 2-15 童亭煤矿副井 -370m 检测位置示意图

将表面 60mm 左右的强腐蚀层清除后,进行回弹检测。该区域周向布置测区 6 个,自左向右依次编号,每个测区有 16 个回弹测点。回弹值、碳化深度和推定强度见表 2-9。

童亭煤矿副井 -370m 过水面回弹数据(5) 表 2-9

测区编号	回弹值								代表值	碳化深度（mm）	强度（MPa）	
											换算值	推定值
1	20	19	22	21	23	20	23	22	22	0	12.5	10.5
	24	24	21	20	24	24	24	19				
2	21	21	20	21	19	21	25	23	21.2	0	11.6	
	21	20	25	24	21	23	18	19				
3	26	19	20	23	26	22	23	22	22.1	0	12.6	
	21	20	18	24	23	24	20	23				
4	21	27	25	22	22	24	22	20	21.7	0	12.2	
	23	25	20	20	18	20	22	21				
5	21	26	23	23	22	23	25	22	23	0	13.7	
	24	18	25	20	26	24	23	19				
6	17	20	19	24	19	18	23	18	20.2	0	10.5	
	24	20	25	19	21	21	21	19				

此处揭开表面强腐蚀层后,强度推定值有 10.5MPa。

6. 童亭煤矿副井 -430m

该深度井壁表面的 2/3 面积已经被过水面覆盖,井壁表面上无沉积层,仅有很薄的一层黑色疏松凝胶和致密层,刮出表面后,进行回弹,如图 2-16 所示。

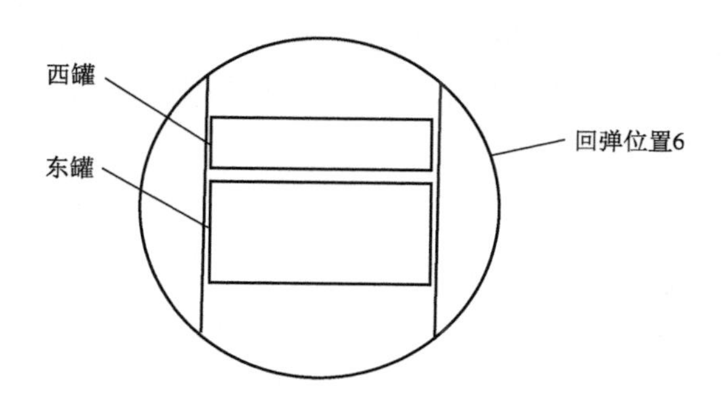

图 2-16　童亭煤矿副井 -430m 检测位置示意图

该区域作业面有测区 6 个,3 排 2 列,自左而右,自上而下分别布置,每个测区测试 16 个回弹测点。每个测区测碳化深度 3 次,结果见表 2-10。

童亭煤矿副井 -430m 回弹数据(6)　　表 2-10

测区编号	回弹值								代表值	碳化深度(mm)	强度(MPa)	
											换算值	推定值
1	36	30	36	29	29	33	35	28	31.8	3	21	15.5
	28	36	29	34	28	30	36	33				
2	25	26	26	32	31	31	29	29	27.7	3.5	15.5	
	30	26	28	27	27	25	26	29				
3	32	27	26	31	28	33	31	27	30.5	3	19.3	
	33	33	32	28	33	28	32	30				
4	31	28	30	31	28	28	28	30	28.6	2.5	17.6	
	30	31	27	27	26	26	29	28				
5	33	32	32	31	29	32	33	32	32	3	21.2	
	32	32	31	31	30	33	33	34				
6	34	30	31	34	32	34	31	31	32.1	3	21.4	
	31	31	34	31	33	33	34	30				

该区域的强度推定值为 15.5MPa,井壁混凝土的表观尚好,可以使用超声进行腐蚀深度的检测,超声记录见表 2-11。

童亭煤矿副井 -430m 超声记录表　　表 2-11

换能器间距(mm)	0	50	100	150	200
声时(μs)	0	18.2	35.4	49.7	54.5

绘制测距与各测点声时的线性回归图，根据回归结果进行计算。声时-测距关系曲线可以看作是以 L_0 为界限的两段直线，如图 2-17 所示。

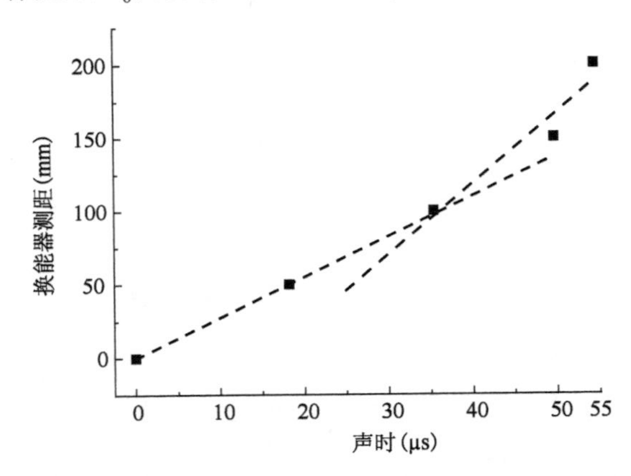

图 2-17 －430m 过水面井壁声时-测距关系图

根据腐蚀深度的计算公式(2-7)，可以求得其腐蚀深度为 23.13mm。

$$d_{fc} = \frac{L_0}{2}\sqrt{\frac{v_a - v_f}{v_a + v_f}} \tag{2-7}$$

将童亭煤矿副井典型部位的强度推定值和腐蚀深度的结果汇总后，见表 2-12。

童亭煤矿副井现场调查总结表 表 2-12

深度(m)	编号	特　征	推定强度(MPa)	腐蚀层深度(mm)	
				鼓胀腐蚀	超声检测
－346	l_a	渗水破坏	＜10	30	—
	l_b	渗水边缘	32.7	无	—
	l_c	干燥井壁	32.7	无	—
－355.5	2	渗水破坏	—	80	—
－357	3_a	过水面	34	无	—
	3_b	干燥井壁	31	无	—
－359	4	渗水破坏	11.5	45	—
－370	5	渗水破坏	10.5	60	—
－430	6	过水面	15.5	无	23.13

可见，童亭煤矿副井腐蚀程度的调查结果与预期一致，即干燥井壁和过水面

之下井壁,其推定强度都能达到设计强度,基本未受腐蚀作用。严重腐蚀位置位于有微量渗水的浇筑接缝处附近,腐蚀区域内混凝土的水泥石成分瓦解,集料也有不同程度的风化。

-346、-355.5、-359 和 -370m 腐蚀段,在揭开表面强腐蚀层后,下面的混凝土强度都普遍不高,其中 -346、-359 和 -370m 揭开鼓胀层后井壁的推定强度为小于 10、11.5 和 10.5MPa,揭开强腐蚀层后的井壁表面仍然坑洼不平,没有平整的表面用于超声检测腐蚀深度。-430m 过水面下井壁的回弹推定强度为 15.5MPa,使用超声平测法得到的腐蚀层厚度为 23.13mm。假定每个腐蚀段的弱腐蚀层厚度与 -430m 的腐蚀层厚度大致相同,那么 -346、-355.5、-359 和 -370m 的腐蚀深度分别可看作是 50、100、65 和 80mm。

第三节 童亭煤矿副井腐蚀机理分析

混凝土硫酸盐腐蚀的作用类型可分为硫酸盐结晶型、钙矾石结晶型、石膏结晶型、硫酸镁溶蚀-结晶型、碳硫硅钙石结晶型,不同类型硫酸盐腐蚀有不同的腐蚀产物。不同类型硫酸盐腐蚀发生时的 pH 值和 SO_4^{2-} 浓度通常不一样,比如:石膏结晶型硫酸盐的腐蚀产物为 $CaSO_4 \cdot 2H_2O$,通常发生于 SO_4^{2-} 浓度 >1000mg/L、pH <10.5 的腐蚀性水中;钙矾石结晶型的腐蚀产物为 AFt,常发生于 SO_4^{2-} 浓度 <1000mg/L、pH >12 的腐蚀性水中。

对腐蚀机理的研究可分为两个部分,一部分是对腐蚀性水的离子成分进行分析,另一部分是对井壁腐蚀产物、井壁附着的致密层及致密层下的混凝土的微观结构和物相组成进行分析。

一、试验仪器

童亭煤矿地下水的成分复杂,不仅包含一些对混凝土有腐蚀作用的 SO_4^{2-}、Cl^- 和 Mg^{2+} 离子,还有 Ca^{2+} 和 HCO_3^- 等离子的存在。这些离子对井壁混凝土的作用大小,显然与其浓度紧密相关。腐蚀性水中阳离子和阴离子的含量分析,分别采用日本日立原子吸收光谱仪 HITACHI Z-2000 和瑞士万通离子色谱仪 Metrohm 792 BASIC 进行,如图 2-18 所示。

a)日立HITACHI Z-2000

b)万通792 BASIC

图 2-18　日立 HITACHI Z-2000 和万通 792BASIC

腐蚀混凝土、致密层和致密层保护之下井壁的物相组成和微观结构的分析，利用 X 射线衍射分析试验（XRD）、扫描电子显微镜观察（SEM）和 X 射线能谱（EDS）进行。

XRD 分析仪器采用日本理学 Ultima Ⅳ 组合型多功能水平 X 射线衍射仪，如图 2-19 所示。

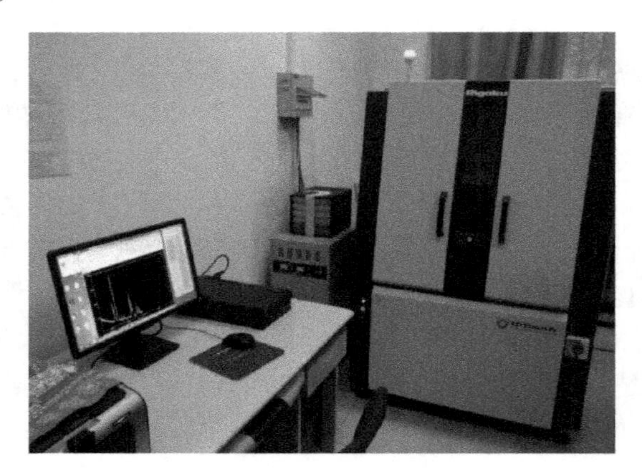

图 2-19　日本理学 Ultima Ⅳ

X 射线衍射仪的原理是利用 X 射线通过试样后发生衍射效应，衍射的条件始终满足布拉格方程，见式（2-8）。

$$2d\sin\theta = \lambda \tag{2-8}$$

式中：d——晶体晶面距离；

θ——X 射线与晶面的夹角；

λ——X 射线的波长。

当材料的结构一定时，d 值是一个固定值。因此当X射线波长 λ 已知时，通过改变夹角 θ，获取一系列的 d 值，将这一系列数据与标准物相的衍射数据pdf卡片进行比较，就能确定样品中存在的物相种类。

进行XRD试验前，首先要将10g样品烘干碾磨成10μm左右的细粉末填入衍射仪样品台上的凹槽中，使用CU靶，管电压40kV、管电流40MA、扫描速度20°/min、测试范围3°~80°进行物相扫描。分析采用JADE5.0配合粉末衍射文件PDF2004进行。

微观结构的分析，采用FEI Quanta 250扫描电镜（SEM）（图2-20）及其附带的能谱仪（EDS）进行。扫描电镜的观察原理是通过极狭窄的电子束与样品相互作用产生的各种效应，产生样品表面放大的形貌。而自带的能谱（EDS）可以对材料微区成分元素种类与含量进行分析。

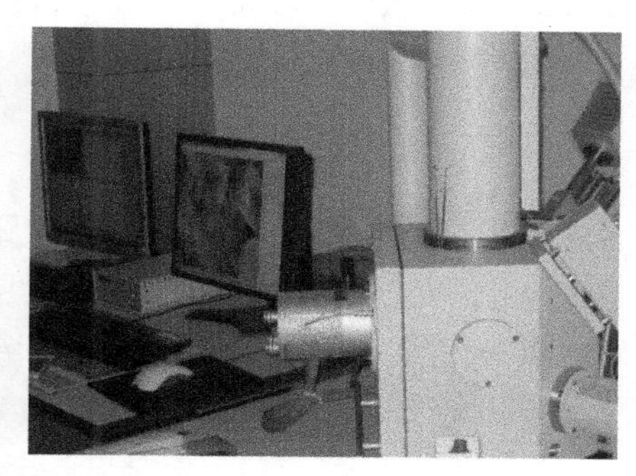

图2-20 FEI Quanta 250环境扫描电镜

为了一次试验中观察更多的样品，并防止损坏探头，扫描电镜中每个样品的尺寸控制在10mm×10mm×5mm以内。进行简单制作后，样品放入干燥箱进行适当干燥，然后用导电胶将其逐个固定在铜板上，并保留一段观察面不被导电胶覆盖。

由于混凝土各组分都属于非导电材料，若不进行处理直接采用扫描电子显微镜对其进行观察，观察过程中会产生荷电现象，从而严重影响二次电子图像质量及X射线微区成分分析结果。因此在放入电镜进行扫描前，要将固定着样品的铜板放入真空环境进行喷碳使其导电。

二、地层和渗水化学成分分析

除 SO_4^{2-} 外，水中其他离子也可能会对混凝土性能产生影响。比如：NH_4^+ 溶解在水中生成弱碱盐后，会使溶液的 pH 值上升，H^+ 与混凝土中 $Ca(OH)_2$ 等碱性物质发生反应，瓦解了混凝土结构。Mg^{2+} 与混凝土中的 OH^- 结合，生成了比 $Ca(OH)_2$ 更难溶解的 $Mg(OH)_2$，而 $Mg(OH)_2$ 的结构松散缺乏黏结力，破坏了水泥石的结构。Mg^{2+} 腐蚀的强烈程度，除决定于 Mg^{2+} 含量外，还与水中 SO_4^{2-} 含量有关，当水中同时含有 SO_4^{2-} 时，将产生镁盐与硫酸盐两种腐蚀物质，故腐蚀现象明显。《岩土工程勘察规范》(GB 50021—2001)规定，水对混凝土结构腐蚀性的测试项目，应分别包括：pH 值、Ca^{2+}、Mg^{2+}、Cl^-、SO_4^{2-}、HCO_3^-、CO_3^{2-}、腐蚀性 CO_2、游离 CO_2、NH_4^+、OH^- 和总矿化度。

为了分析腐蚀性水来自哪个含水层，除了井壁出水外，还对腐蚀段附近含水层进行了采样和成分分析。结合以往水质检测资料及《岩土工程勘察规范》(GB 50021—2001)中规定的测试项目，离子成分的分析对象为：Na^+、Ca^{2+}、Mg^{2+}、NH_4^+、Cl^-、SO_4^{2-}、HCO_3^- 和 CO_3^{2-}。

1. 地层水取样分析

童亭和临涣煤矿相邻，主副井间相距不过 10km，不仅地层性质相似，大部分地下水也相互连通。为了方便取样，地层水样从临涣煤矿采集，取样工作由临涣煤矿地质科完成。取样地层分别为四含水、K_3 砂岩水和 10 煤顶底板砂岩水。地层水样的离子成分见表 2-13。

地层水样的离子成分　　表 2-13

含水层名称	阳离子(mg/L)				阴离子(mg/L)				硬度(德国度)	pH
	Na^+	Ca^{2+}	Mg^{2+}	NH_4^+	Cl^-	SO_4^{2-}	HCO_3^-	CO_3^{2-}		
四含水	292.40	581.86	177.73	1	249.85	2163.67	232.21	—	109.4	8.3
K_3 砂岩水	785.73	90.9	56.69	1	118.57	1650.52	348.24	—	25.79	7.7
10 煤顶底板砂岩水	693.82	82.43	44.9	0	160.03	1270.2	371	28.81	390.6	8.2

可见，四含水、K_3 砂岩水和 10 煤顶底板砂岩水，属 pH 值略大于 7 的弱碱水，硬度也较低，分别为 109.4、25.79 和 390.6 德国度。K_3 砂岩水和 10 煤顶底板砂岩水的各离子浓度相似，四含水中 Mg^{2+} 和 Ca^{2+} 含量明显高于 K_3 砂岩水和 10 煤顶底板砂岩水，SO_4^{2-} 含量也略高于 K_3 砂岩水和 10 煤顶底板砂岩水。而 K_3 砂岩水和 10 煤顶底板砂岩水的 Na^+ 和 HCO_3^- 含量则高于四含水。NH_4^+ 和

CO_3^{2-}的含量较少可忽略,含量较高的腐蚀性离子成分为SO_4^{2-}和Mg^{2+}。

目前,混凝土环境腐蚀等级评价方法主要有综合评价法和单项评价法两种。其中,综合评价法是就环境水或土壤中的各项参数进行一一评定,再计算其指数的综合值,以评定其腐蚀性,德国和美国都采用了这种方法。单项评价法则是以较高腐蚀等级的因素为结论,当有两类以上之相同腐蚀等级时,将等级提高一级,我国采用该方法进行判定。

《岩土工程勘察规范》(GB 50021—2001)规定,当环境水为矿化度低于0.1g/L的软水时,需要考虑溶液中HCO_3^-对混凝土的腐蚀作用,显然腐蚀性水的矿化度远高于0.1g/L。腐蚀性水中,HCO_3^-离子含量分别为232.21、348.24和371.0mg/L,Ca^{2+}分别为581.86、90.9和82.43mg/L,HCO_3^-分解后形成的难溶物可以在混凝土表面形成一种碳化保护层,一定程度上有助于抵抗环境水的化学腐蚀,但由于浓度较小,这种作用也不会很明显。

《岩土工程勘察规范》(GB 50021—2001)中,硫酸盐环境腐蚀等级主要由SO_4^{2-}浓度大小而定,当混凝土处于干湿交界或过水面时,需提高一个等级。当有干湿交替作用时,SO_4^{2-}、Mg^{2+}的腐蚀性评价等级见表2-14。Ⅰ、Ⅱ类腐蚀环境无干湿交替作用时,表中硫酸盐含量数值应乘以1.3的系数。

按环境类型水对混凝土结构的腐蚀性评价(Mg^{2+}和SO_4^{2-}) 表2-14

腐蚀等级	腐蚀介质	环境类型		
		Ⅰ	Ⅱ	Ⅲ
微	硫酸盐含量 SO_4^{2-}(mg/L)	<200	<300	<500
弱		200~500	300~1500	500~30000
中		500~1500	1500~3000	3000~6000
强		>1500	>3000	>6000
微	镁盐含量 Mg^{2+}(mg/L)	<1000	<2000	<3000
弱		1000~2000	2000~3000	3000~4000
中		2000~3000	3000~4000	4000~5000
强		>3000	>4000	>5000

井壁结构处于一边接触地下水,一边暴露于大气的环境下,地下水通过渗透或毛细作用在暴露于大气中的一边蒸发,此时环境类型应定为Ⅰ类。

四含水、K_3砂岩水和10煤顶底板砂岩水中Mg^{2+}浓度分别为177.73、56.69和44.9mg/L,远不及Ⅰ类环境“弱”腐蚀性1000mg/L的标准,属于“微”腐蚀性。四含水、K3砂岩水和10煤顶底板砂岩水中SO_4^{2-}浓度分别为2163.67、

1650.52 和 1270.2mg/L,腐蚀等级分别为强、强和中。按照单项评价法,综合考虑 Mg^{2+} 和 SO_4^{2-} 离子,四含水、K_3 砂岩水和 10 煤顶底板砂岩水的腐蚀等级分别为强、强和中。

2. 井壁水样分析

童亭煤矿副井基岩段井壁采用现浇法施工,难免会有浇筑接缝的存在,腐蚀作用下浇筑接缝逐渐扩大,就形成了渗水出水点。壁后充填等施工作业在井壁上遗留的施工孔,虽然有封堵材料进行堵水,但是封堵材料与井壁之间仍然会存在薄弱面,水压和腐蚀的双重作用使得薄弱面逐渐失效,最终形成了施工孔出水点。由于这两类出水的水头损失不同,浇筑接缝出水点与施工孔出水点的出水量差别很大,浇筑接缝出水仅使周围井壁上有湿润感但无明显水流,而施工孔出水点的水量则通常较大,一般高于 1L/min。

图 2-21 井壁水样

童亭煤矿副井中,较严重的腐蚀发生于 -346、-355.5、-359 和 -370m 浇筑接缝附近。这些部位的渗水量很小,难以进行水样收集。而 -391m 和 -419m施工孔出水点距这 4 个腐蚀段不远,因此井壁水样来自 -391m 和 -419m 出水点,如图 2-21 所示。

由图 2-21 可见,虽然水中夹杂着少量褐色絮状物,但是其透光性仍然良好,浊度较低。将水样低温避光保存,送至试验室经滤纸过滤后,采用日本日立原子吸收光谱仪 HITACHI Z-2000 和瑞士万通 Metrohm 792 BASIC IC 离子色谱仪,对水样的离子成分进行了分析,分析结果见表 2-15。

井壁水样的离子分析结果　　表 2-15

序号	Na^+ (mg/L)	Ca^{2+} (mg/L)	Mg^{2+} (mg/L)	Cl^- (mg/L)	CO_3^{2-} (mg/L)	SO_4^{2-} (mg/L)	pH
1	655.5	256.9	84.07	184.27	83.31	1873.9	7.72
2	708.3	215	69.02	168.64	86.58	1928.2	7.65
均值	681.9	235.95	76.545	176.455	84.945	1901.05	7.69

由表 2-15 可见, -391m 和 -419m 水样中各离子的浓度基本相同,质量浓度最高的离子为 SO_4^{2-} 和 Na^+。水样 SO_4^{2-} 的平均浓度为 1901.05mg/L,四含水、

K_3 砂岩水和 10 煤顶底板砂岩水中 SO_4^{2-} 浓度分别为 2163.67、1650.52 和 1270.2mg/L；井壁水样中 Na^+ 平均浓度 681.9mg/L，四含水、K_3 砂岩水和 10 煤顶底板砂岩水中的 Na^+ 浓度分别为 292.4、785.73 和 693.82mg/L。可见，水样中各主要离子浓度与 K_3 砂岩水接近，因此基岩段井壁出水主要来自 K_3 砂岩水。

$CaCO_3$ 和 $Ca(OH)_2$ 是混凝土主要成分，而 Ca^{2+} 是这两种成分的主要离子，因此一般的硫酸盐腐蚀研究中，主要将 SO_4^{2-} 和 Mg^{2+} 作为分析对象，很少考虑腐蚀性水中 Ca^{2+} 对腐蚀的影响。作为难溶强电解质，$CaSO_4$ 在 25℃时的溶度积常数为 7.1×10^{-5}，而井壁水样中 SO_4^{2-} 和 Ca^{2+} 的平均浓度分别达到了 1901.05mg/L 和 235.95mg/L，其离子积已经达到 1.17×10^{-4}。离子积高于溶度积常数，可见井壁出水中的 $CaSO_4$ 已处于过饱和状态。由于这一特殊情况的存在，在考虑硫酸盐对井壁腐蚀作用时，有必要对饱和 $CaSO_4$ 的沉淀结晶作用加以考虑。

三、腐蚀混凝土和致密层的成分分析

上节水样分析结果表明，腐蚀性水中 SO_4^{2-} 含量很高，$CaSO_4$ 的含量也处于过饱和状态。童亭煤矿副井 −355.5m、−430m 和 −580m 处，对井壁腐蚀产物、致密层和致密层覆盖下的混凝土进行了取样后，用 XRD、SME 和 EDS 分析方法对其物相组成和微观结构进行了分析，如图 2-22 所示。

由图 2-22a）可见，−355.5m 腐蚀混凝土样品内部，水泥石已经分解为无黏结性的颗粒状物质，集料外露，遍体溃散。由图 2-22b）和图 2-22c）可见，−430m 和 −580m 致密层的外观和厚度接近，厚度为 1～2mm，与过水接触的一侧为黑灰色，与井壁附着一侧为褐灰色。−580m 致密层下混凝土的表观性能不错，可以看到完整的集料和水泥石。

1. −355.5m 腐蚀混凝土成分分析

样品进行干燥后，碾磨成极细的粉末，填入衍射仪样品台上的凹槽，然后放入 X 射线衍射仪中进行 XRD 试验。XRD 结果使用 JADE5.0 并配合 PDF2000 卡片进行物相分析，如图 2-23 所示。

由图 2-23 可见，−355.5m 腐蚀混凝土样品的主要衍射峰，都有物相与之对应。其主要物相成分有：钠长石（$NaAlSi_3O_8$）、石英（SiO_2）、石膏（$CaSO_4\cdot2H_2O$）和方解石（$CaCO_3$）。

a) -355.5m腐蚀混凝土

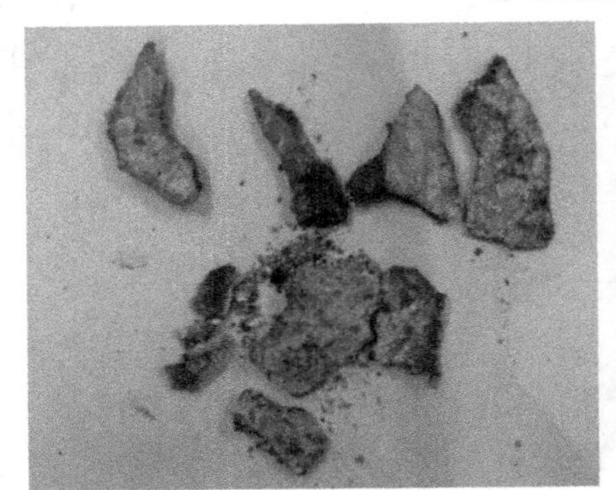

b) -430m附着致密层

c) -580m附着致密层及井壁

图 2-22　童亭煤矿副井取样

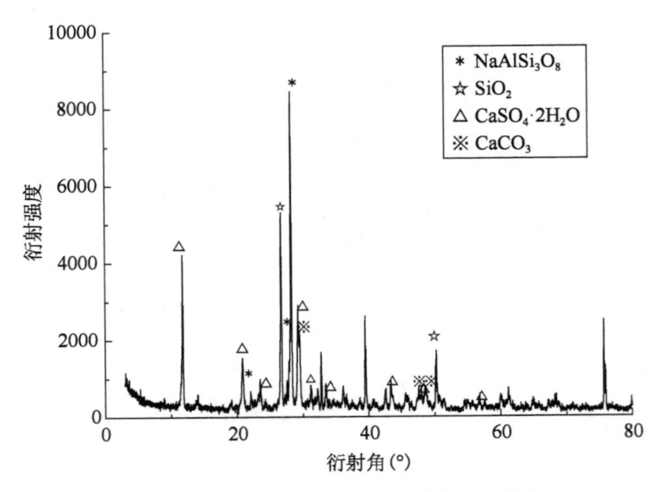

图 2-23　-355.5m 腐蚀混凝土样品 XRD 分析

作为普通混凝土最主要,也是最易受硫酸盐腐蚀的成分之一,氢氧化钙($Ca(OH)_2$)在腐蚀混凝土样品中已经几乎不存在。而作为普通混凝土含量很微小,作为石膏结晶型硫酸盐腐蚀主要产物的石膏($CaSO_4 \cdot 2H_2O$),却是其中主要物相。这说明,石膏结晶型硫酸盐腐蚀是井壁混凝土腐蚀劣化的原因。

石膏结晶型硫酸盐腐蚀通常发生于 $pH < 10.5$,且 SO_4^{2-} 浓度 $> 1000mg/L$ 的腐蚀溶液中。井壁出水的成分分析表明,其 pH 值为 7.69,SO_4^{2-} 浓度为 1901.05mg/L,满足这一腐蚀发生的环境条件。石膏结晶型硫酸盐腐蚀的反应方程,见式(2-9)。

$$Ca(OH)_2 + SO_4^{2-} + 2H_2O \rightarrow CaSO_4 \cdot 2H_2O + 2OH^- \qquad (2\text{-}9)$$

采用 FEI Quanta 250 扫描电镜(SEM)及其附带的能谱(EDS),对腐蚀混凝土样品的微观结构进行了观测。10000 倍下的能谱分析照片,如图 2-24 所示。

a) 点1

b) 点2

图 2-24 -355.5m 腐蚀混凝土的能谱分析图

对有明显特征的晶体进行打点测定,结果如表 2-16 所示和图 2-25。

-355.5m 腐蚀混凝土样品能谱分析结果(原子百分率 at%) 表 2-16

序号	C	O	S	Ca
1	24.85	46.24	13.27	13.93
2	17.03	43.58	16.82	9.64

C 元素在混凝土中一般作为 $CaCO_3$ 的成分而存在,但由于混凝土样品不导电,试验前为了增加其导电性,进行了喷碳,因此 EDS 结果中的 C 元素可能来自试样表面喷的碳粉,也可能来自 $CaCO_3$。能谱点 1 和点 2 的 Ca∶C 为 1∶1.78 和 1∶1.77,C 的比例较高,说明 C 元素可能部分或者全部来自碳粉。能谱点 1 和 2 中,Ca∶S∶O 为 1∶0.95∶3.32 和 1∶1.74∶4.52,接近二水石膏。

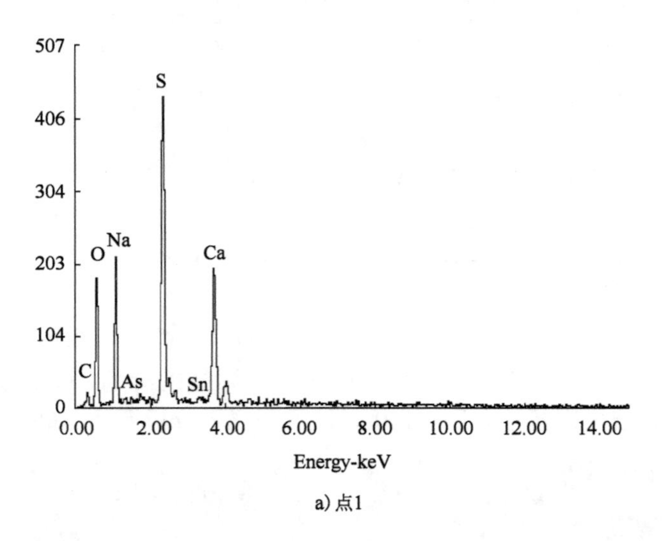

a) 点1

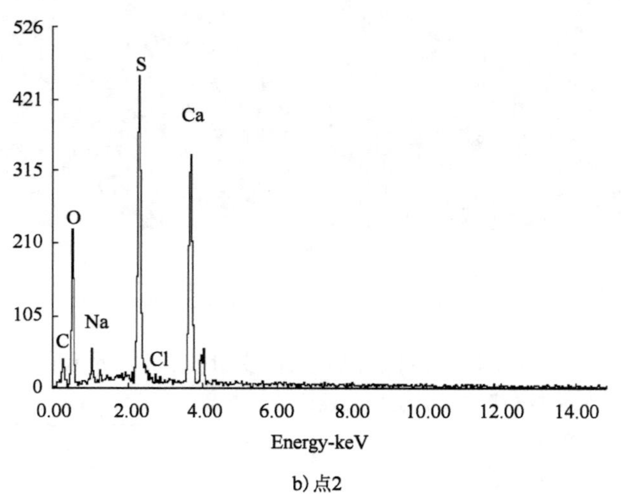

b) 点2

图 2-25　-355.5m 腐蚀混凝土样品 EDS 图

对石膏结晶型硫酸盐腐蚀而言,腐蚀初期生成的石膏,一定程度上弥补了混凝土内部空隙,增加了混凝土的致密性,有利于增强混凝土力学性能。但随着腐蚀反应持续进行,石膏结晶逐渐在混凝土内部形成膨胀应力,使混凝土结构自内而外发生破坏。由电镜图上可以看出,腐蚀混凝土内部存在的这些分散的石膏晶体,明显破坏了混凝土结构。

2. −430m 和 −580m 致密层

图 2-26 和图 2-27 分别是在 −430m 和 −580m 井壁表面取的致密层样品，在进行 XRD 试验后的物相分析结果。

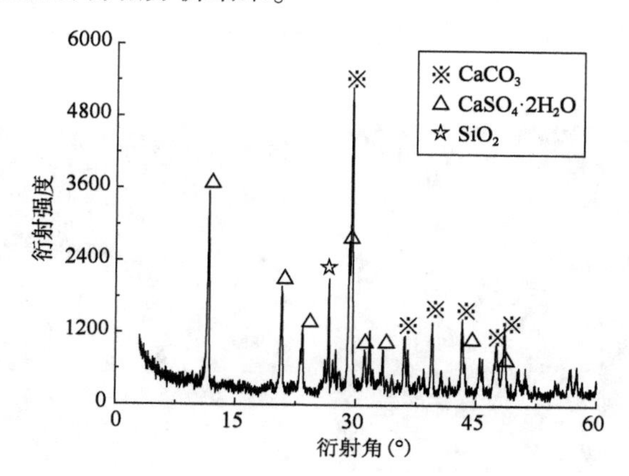

图 2-26 −430m 致密层 XRD 分析

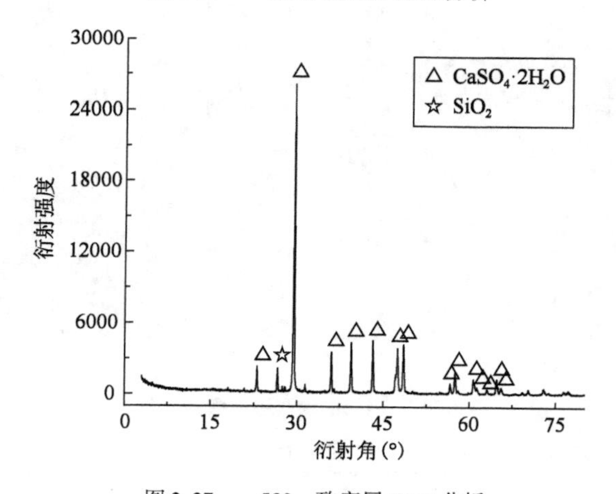

图 2-27 −580m 致密层 XRD 分析

图 2-26 和图 2-27 中，虽然有少量衍射峰没有对应物相，但这些衍射峰的相对峰强度较低，含量不会很高，另外强度较低的峰也难以排除背景噪声影响。−430m 致密层的主要物相为方解石（$CaCO_3$）、石膏（$CaSO_4 \cdot 2H_2O$）和石英（SiO_2），−580m 致密层的主要物相为石膏（$CaSO_4 \cdot 2H_2O$）和石英（SiO_2）。两个致密层虽然相距很远，但成分一致。如果致密层是混凝土的衍生物，那么石膏在混凝土内结晶的过程，必然会破坏混凝土的结构，难以如此致密。腐蚀性水中的

$CaSO_4$已经过饱和,很容易沉淀形成结晶,致密层应由腐蚀性水中饱和的 $CaSO_4$ 结晶沉淀生成。

对于 -430m 致密层制样后,采用 FEI Quanta 250 扫描电镜(SEM)及其附带的能谱(EDS),对其微观结构进行了观测。图 2-28a)~d)分别为 5000 倍、2000 倍、5000 倍和 5000 倍下的能谱分析照片,图 2-29 和表 2-17 为 EDS 分析结果。

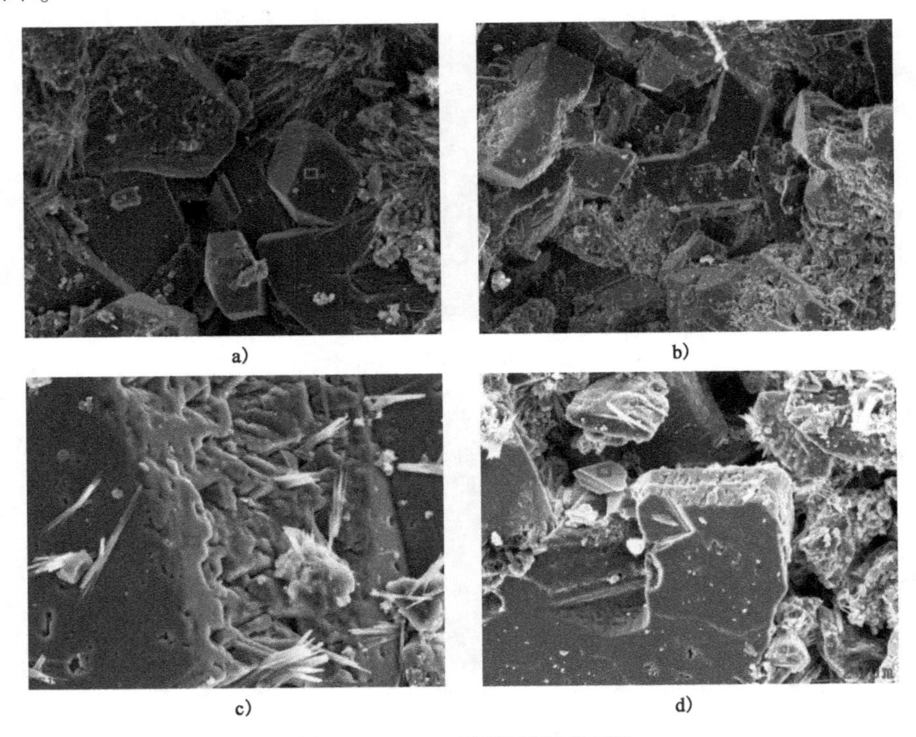

a)　b)　c)　d)

图 2-28　-430m 致密层能谱分析图

-430m 致密层样品的能谱分析结果(原子百分率 at%)　表 2-17

编　号	C	O	S	Ca
a	36.03	35.67	13.75	14.55
b	25.17	49.32	12.25	12.13
c	20.30	59.04	10.58	09.86
d	20.15	41.64	15.69	22.15

从 -430m 致密层的能谱分析图中可见,致密层中含有大量菱形和少量针棒状的石膏结晶,晶体间的空隙很小,交错形成了密实的结构。当井壁表面附着这种致密层后,可以有效阻止腐蚀性水与井壁的接触,有效阻止了腐蚀性水中硫酸盐对混凝土的腐蚀作用。

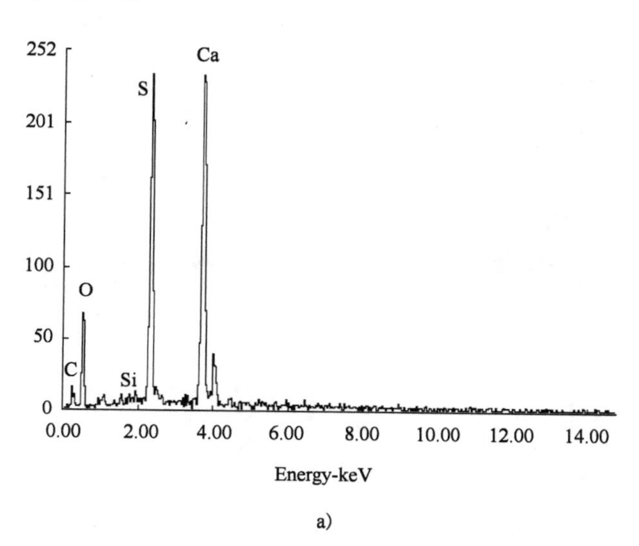

a)

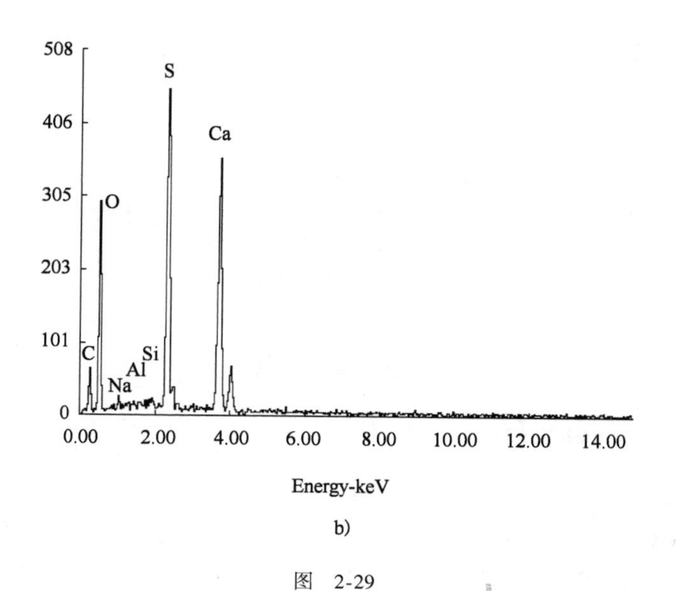

b)

图 2-29

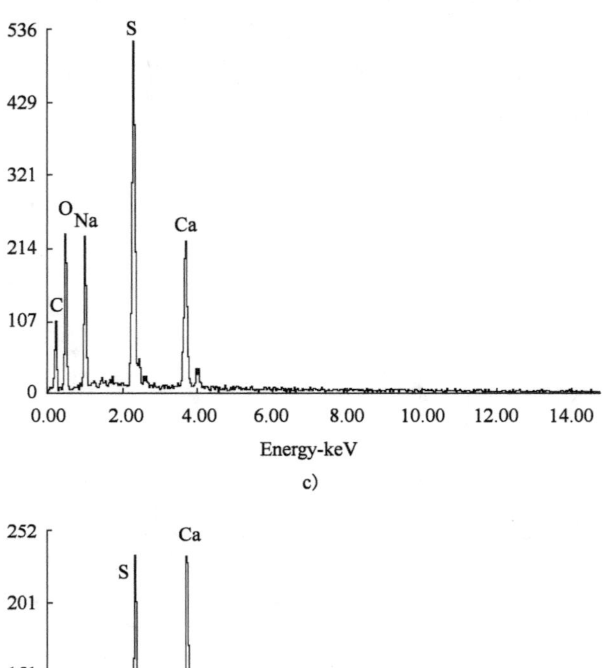

c)

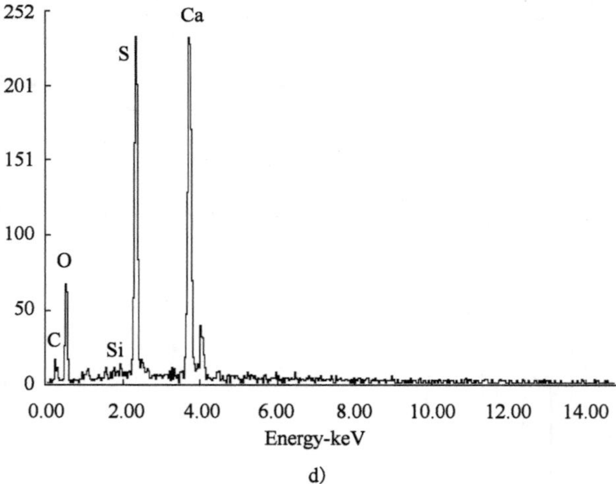

d)

图 2-29 －430m 致密层样品 EDS 分析

3. －580m 井壁混凝土

－580m 井壁混凝土样品取自致密层覆盖之下的井壁，表观上未见腐蚀的迹象。取样捣碎去除明显的集料成分后，碾磨成细粉末，再填入衍射仪样品台上的凹槽中，进行 XRD 试验。图 2-30 是－580m 井壁混凝土样品的 XRD 分析结果。

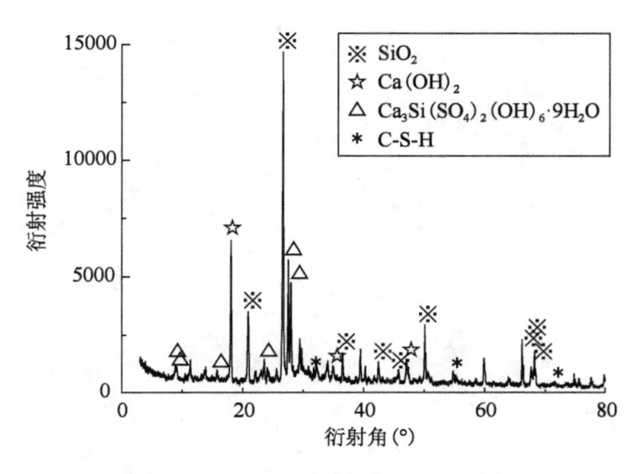

图 2-30 －580m 井壁混凝土 XRD 分析

由图 2-30 可见，致密层覆盖之下的井壁混凝土，其主要成分为：石英(SiO_2)、氢氧化钙($Ca(OH)_2$)、$Ca_3Si(SO_4)_2(OH)_6 \cdot 9H_2O$ 和水化硅酸钙(C-S-H)。如果井壁与腐蚀性水大量接触，那么混凝土中 $Ca(OH)_2$、C-S-H 由于腐蚀反应，很容易被消耗掉，但 XRD 结果中井壁混凝土中的 $Ca(OH)_2$ 和 C-S-H 不仅存在，而且衍射峰相当明显。常见的硫酸盐腐蚀产物——AFt、$CaSO_4$ 和 $Mg(OH)_2$ 等也都没有发现，说明处于致密层覆盖下的井壁，并未受到硫酸盐的明显腐蚀。图 2-31 为井壁混凝土样品在 50 倍电镜下的 SEM 图，图 2-32 和表 2-18分别为 5000 倍下的能谱图片和 EDS 分析结果。

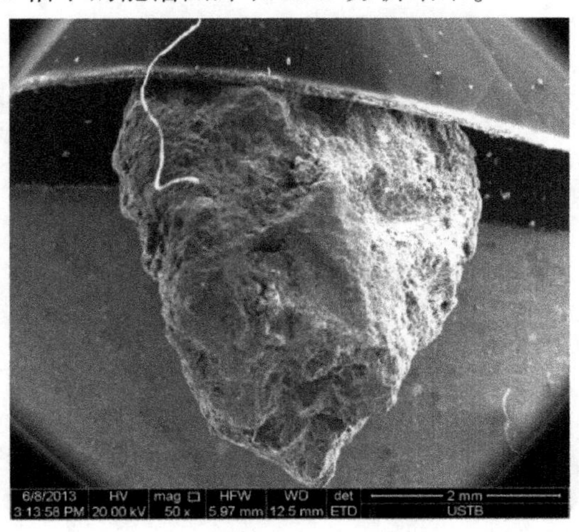

图 2-31 －580m 井壁混凝土的 SEM 照片(50 倍)

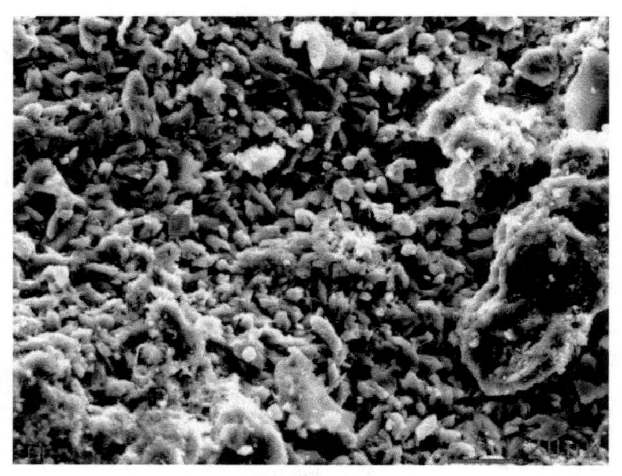

a) 能谱照片

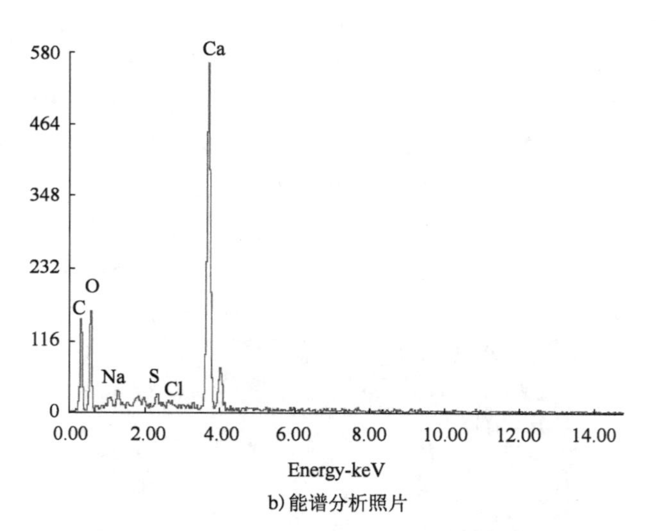

b) 能谱分析照片

图 2-32 －580m 井壁混凝土能谱取点及 EDS 分析图

－580m 井壁混凝土能谱分析结果(原子百分率 at%) 表 2-18

元素	C	O	Cl	Ca
含量	37.5	40.47	0.44	19.28

由于扫描电子显微镜能谱仪(EDS)中,锂漂移硅检测器的铍窗口吸收了超轻元素的 X 射线,在采集谱时,由于计数不足,谱峰较低,谱峰形状不规则,无法分析 Na 以下的元素(包括 H 元素)。能谱点中,Ca∶O 为 1∶2.099,与 $Ca(OH)_2$

的 1:2 接近，说明在致密层的保护之下，井壁混凝土的微观结构完整，未受到明显的腐蚀作用。

四、井壁腐蚀因素分析

根据对于各含水层与井壁渗水的成分分析，井壁渗水的主要来源是 K_3 砂岩水。在开挖引起的围岩损伤及地层裂隙的作用下，基岩段部分井壁浸泡在硫酸盐腐蚀性水中。

通过对腐蚀性水离子成分分析，水中 $CaSO_4$ 已经过饱和，当腐蚀性水在井壁表面流淌时，过饱和的 $CaSO_4$ 在井壁表面沉淀结晶形成了硬质致密层。这种致密层阻止了腐蚀性水与混凝土之间的接触，保护了井壁不受腐蚀性水中 SO_4^{2-} 的作用。

童亭煤矿副井基岩段采用长段高掘砌单行作用，基本过程是：打眼放炮→通风出矸→立模灌注混凝土→下一个循环。浇筑流程上的不连续，削弱了混凝土在浇筑层面上的胶结，在浇筑接缝处形成薄弱区，使得腐蚀溶液通过浇筑接缝进入井壁混凝土内部。

腐蚀溶液中 SO_4^{2-} 的浓度为 1901.05mg/L，pH 值为 7.69，符合石膏型硫酸盐腐蚀的发生环境，XRD 和 EDS 的分析结果也表明，腐蚀混凝土的主要成分之一就是石膏型硫酸盐腐蚀的腐蚀产物——石膏。副井作为进风井，井壁混凝土表面上的水汽随进风和湍流迅速散布，混凝土表面上的水汽压减小，饱和差增大，有利于井壁内侧表面水分蒸发，使得腐蚀溶液中一些难溶物成分 $CaSO_4$ 等更容易析出结晶，促进了腐蚀进程的发展。在石膏型硫酸盐腐蚀和结晶型腐蚀的双重作用下，部分井壁在浇筑接缝处因 $CaSO_4$ 在混凝土内部的结晶而发生破坏。

第四节　小结

采用回弹和超声测试方法，对童亭煤矿副井基岩段井壁腐蚀情况进行了评价，调查结果表明：干燥和过水面致密层覆盖之下的井壁，其推定强度普遍能达到设计强度 30MPa 以上，基本未受腐蚀。腐蚀严重的区域位于有微量渗水的浇筑接缝附近，其中 −346、−355.5、−359 和 −370m 处腐蚀较明显，腐蚀深度分别达到了 50mm、100mm、65mm 和 80mm。

通过分析腐蚀性水离子成分，腐蚀混凝土、致密层和致密层覆盖下井壁的物相组成和微观结构，对井壁腐蚀机理进行了研究。结果表明：井壁内的腐蚀性水主要来自 K_3 砂岩水。腐蚀性水中 $CaSO_4$ 已经饱和，当腐蚀性水在井壁表面流淌时，$CaSO_4$ 在井壁表面结晶形成的致密层，减少了混凝土与腐蚀性水的接触，延缓了腐蚀性水中 SO_4^{2-} 对井壁的腐蚀。而作为进风井之一，副井的蒸发作用强烈，当腐蚀性水从浇筑接缝处缓慢流出时，$CaSO_4$ 在浇筑接缝内结晶膨胀，不仅无法对井壁形成保护，而且促进了硫酸盐腐蚀的发生。

童亭已有的最大腐蚀深度已达 100mm 左右，约为井壁厚度的 1/5。井壁能否可靠服役，以及还能可靠服役多久是当前迫切需要解决的问题。因此，有必要在进行室内加速腐蚀试验，模拟井壁腐蚀的基础上，建立一种对腐蚀井壁的结构可靠度进行评价，并对其剩余服役寿命进行预测的科学途径。

CHAPTER 3

第三章

加速腐蚀试验腐蚀机理及损伤规律分析

如果完全模拟现场情况进行腐蚀试验,那么实际腐蚀破坏必然发生在试验腐蚀破坏前,这种试验毫无意义。因此,针对典型的金属及非金属材料,一般都有对应的标准加速腐蚀试验方法,通过人为制造出比实际条件更为严酷的环境进行腐蚀试验,从而在较短的时间内获得腐蚀环境下材料的失效规律。

加速腐蚀试验的目的,重点不在于对表面现象进行再现,而是通过对现场腐蚀本质规律的模拟,揭示出腐蚀混凝土性能的劣化规律。因此,不少学者认为加速腐蚀试验要代表实际环境下混凝土的腐蚀规律,必须建立在极其谨慎的基础上。在加速腐蚀试验的每一个阶段,都使用了 XRD、EDS 和 SEM 方法,通过对混凝土成分变化情况进行分析,研究加速腐蚀试验过程中的腐蚀机理,从而确保加速腐蚀试验对现场腐蚀具有代表性。

使用加速腐蚀试验实现对腐蚀结构承载性能的时间预测,需要解决两个主要问题,即腐蚀环境与现场腐蚀之间的时间关系,以及加速腐蚀环境下混凝土的劣化规律这两个问题。为了解决这两个问题,设置了三点弯曲梁和立方体试件的加速腐蚀试验。

一般来说,混凝土硫酸盐腐蚀的指标主要有表观物理性能、长度变化、质量损失、抗压以及抗折强度等。本章中,在三点弯曲梁加速腐蚀试验中,混凝土的劣化评价建立在超声试验得到的腐蚀层厚度和超声声速,以及三点弯曲试验得到的弹性模量和失稳韧度的基础上。在立方体试件加速腐蚀试验中,混凝土的劣化评价则建立在单轴抗压试验得到的立方体抗压强度的基础上。

第一节　硫酸盐腐蚀环境下的加速试验

一、加速腐蚀环境

加速腐蚀试验的关键问题之一,是如何缩短加速腐蚀试验时间,在尽可能短的时间内获得腐蚀混凝土的劣化规律。目前,提高加速腐蚀试验效率的手段主要有提高环境温度、增加反应物浓度、增大试件的渗透性和反应面积以及干湿循环等方法。

提高腐蚀溶液浓度,增加了单位时间内腐蚀性离子与混凝土反应物的作用频率,从而提高腐蚀效率。前述章节的分析表明,童亭煤矿副井的腐蚀类型是石膏结晶型硫酸盐腐蚀,这种腐蚀常发生于 pH 值小于 10.5 且 SO_4^{2-} 浓度大于 1000mg/L 的溶液中。童亭煤矿副井的腐蚀性水中 SO_4^{2-} 浓度已经超过 1900mg/L,提高 SO_4^{2-} 浓度的方法在提升腐蚀效率的同时,不会改变腐蚀类型。

作为提高腐蚀速率的另一种重要方式,提升温度除了可以提高 SO_4^{2-} 离子扩散程度,还能加速离子运动和化学反应速率。根据 Arrhenius 公式,环境温度每提高 10℃,化学反应的速度一般可增加 2 ~ 3 倍。干湿循环腐蚀除了提高试验温度外,还加快了混凝土中离子的传输,进一步加快了腐蚀速率。相对于常温下的浸泡腐蚀试验,干湿循环加速腐蚀试验可以在不完全改变混凝土硫酸盐腐蚀失效机理的前提下,使试件进一步加速失效,从而在较短时间内获得必要信息,评估硫酸盐腐蚀环境下井壁结构可靠度及寿命。

加速腐蚀试验过程中,设置了提高浓度的浸泡腐蚀和干湿循环腐蚀两种试验环境。但受试验时间和硫酸盐干湿循环机容量的限制,仅有部分三点弯曲梁进行了硫酸盐干湿循环腐蚀,其余的三点弯曲梁和全部的立方体试件放入溶液中浸泡,进行常温浸泡腐蚀试验。

二、腐蚀溶液浓度

腐蚀性水中,含量较高且对混凝土性能影响较大的离子主要有 SO_4^{2-}、Mg^{2+} 和 Na^+,其平均浓度分别为 1855mg/L、105mg/L 和 581mg/L,其中 Na_2SO_4 和 $MgSO_4$ 的比例接近 4:1。刘赞群[1]的研究中,若腐蚀溶液中 SO_4^{2-} 含量不变,Na_2SO_4 和 $MgSO_4$ 的相对含量发生变化,对腐蚀速率会有明显影响。为了尽可能模拟井壁实际情况,加速腐蚀试验所使用的硫酸盐溶液中,Na_2SO_4 和 $MgSO_4$ 的相对含量也是 4:1。

强酸强碱盐(Na_2SO_4 和 $MgSO_4$)与接近中性的自来水配置的溶液,其 pH 值也会接近中性,符合对腐蚀溶液 pH 值的要求。但混凝土内部是 pH 值大于 12 的强碱性环境,如果长期不置换溶液,那么混凝土中 $Ca(OH)_2$ 不断溶解必然会逐渐增大溶液的 pH 值,可能促使其他类型的硫酸盐腐蚀发生。而且随着腐蚀对 SO_4^{2-} 离子的消耗,腐蚀速率也会逐渐降低。因此在加速腐蚀试验过程中,每月使用了新配置溶液对腐蚀溶液进行更换。

每月置换腐蚀溶液带来了耗材的增加,而纯度极高的试验级原料,其成本也很高。部分工业级硫酸钠和七水硫酸镁的纯度高于 99%,不仅可以满足加速腐蚀试验的要求，而价格仅为试验级的几十甚至上百分之一。因此配置溶液的原料采用纯度≥99%，分别产自山西焦煤运城盐化集团有限公司和山西东兴化工有限公司的工业级硫酸钠和七水硫酸镁。

$Ca(OH)_2$溶液中的溶解，造成溶液 pH 值上升的同时，也会使混凝土的性能降低。完成标准养护的混凝土中，一般都有少量尚未水化的水泥颗粒，这些水泥颗粒在使用期内的继续水化称为后期水化。后期水化的水化物填补了混凝土内部空隙，对混凝土的性能是有利的。为分析除硫酸盐腐蚀作用外，其他因素对混凝土性能的影响，三点弯曲梁和立方体试件都设置了清水作为对照组，分析了溶蚀和后期水化对混凝土性能的作用。

三点弯曲梁设置了浸泡和干湿循环两种腐蚀环境。其中，浸泡腐蚀试件分3组，分别使用0、9%和15%硫酸盐溶液，干湿循环加速腐蚀的硫酸盐溶液浓度为15%。

在立井的施工过程中，如果混凝土尚未完全形成强度就开始承担荷载，那么其内部难免会产生裂纹等损伤。这些初始损伤的存在，增加了混凝土与腐蚀溶液的接触面积，使得混凝土在腐蚀环境下更容易失效。因此一组立方体试件在标准养护后，直接放入放置于清水和15%硫酸盐溶液中进行浸泡外，另外设置了两组，分别在标准养护后经历了14MPa和21MPa的加载后，再进行浸泡。

每升9%和15%硫酸盐溶液，消耗的原材料见表3-1。

硫酸盐溶液配比 表3-1

浓　　度	十水硫酸钠(g)	七水硫酸镁(g)
9%	66.11	29.89
15%	110.18	49.82

在硫酸盐干湿循环环境中，试件在每个周期内都经历了浸泡、晾干、烘干和冷却，晾干和烘干的过程使得孔隙中的硫酸盐迅速结晶析出。硫酸盐在混凝土内的结晶过程，使得混凝土膨胀开裂，为下一个周期时硫酸根离子的再次渗入提供了条件，使得硫酸盐干湿循环腐蚀中试件的损伤速率大大高于浸泡腐蚀。

硫酸盐干湿循环试验采用北京耐尔得公司生产的 NELD-LSC 全自动硫酸盐干湿循环试验机进行，如图3-1所示。该试验机符合《普通混凝土长期性能和耐久性能试验方法标准》(GB/T 50082—2009)的要求，采用380V的工业用电作为供电电源，总功率8.4kW，净重80kg，内胆尺寸1170mm×625mm×600mm，可放置尺寸100mm×100mm×400mm的长方体试件18个。

图 3-1 NELD-LSC 混凝土硫酸盐干湿循环试验机

NELD-LSC 硫酸盐干湿循环试验机中,每个干湿循环的总时间设定为 24h,其中浸泡时间 15h,溶液排空 0.5h,晾干试件 0.5h,烘干试件 6h,冷却试件 2h。试验箱内温度控制范围:80℃ ±5℃。

三、试件尺寸的确定

受硫酸盐腐蚀的混凝土,总是最外层损伤严重,越向里深入,损伤程度越轻。为了计算方便,可简单地将腐蚀混凝土视作腐蚀损伤层与未损伤层两个部分考虑。

加速腐蚀试验过程中,混凝土损伤层厚度的测试,一般可以通过采用两种试件尺寸,分别使用两种方法进行。一种是立方体试件,采用立方体强度退化反推法确定腐蚀层的厚度;另一种是长方体试件,采用超声平测法测定腐蚀层厚度。一般来说,首先发生腐蚀并且腐蚀最严重的部位通常位于试件的棱角处。如果采用立方体强度退化反推法,那么棱角的缺失可能会导致部分未损伤混凝土因未直接受压而被计入腐蚀层,从而影响计算精度。因此,本试验中采用长方体试件,使用超声平测法测定腐蚀层厚度。通过浇筑时在梁中部预留切口,试件还可以用于三点弯曲试验,得到腐蚀混凝土断裂韧度及弹性模量。

三点弯曲梁的跨长 $L=400$mm、截面高度 $h=100$mm、宽度 $t=100$mm,预制切口长度 $a_0=40$mm,形状示意图如图 3-2 所示。跨中上部用于承受外荷载 P,支点之间的间距 $S=350$mm。三点弯曲梁的预制裂缝是用 2mm 厚的塑料板在混凝土浇筑时插入板内,待初凝 6h 后拔出形成。

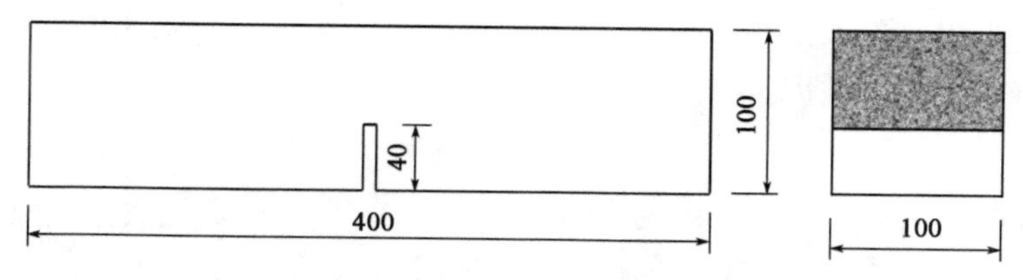

图 3-2 三点弯曲梁形状示意图(尺寸单位:mm)

作为混凝土强度等级的唯一依据,单轴抗压强度也是混凝土最重要的力学性能指标之一。标准养护完成的立方体试件,分别进行了 0、14 和 21MPa 的初始加载后,放置于清水和 15% 硫酸盐溶液中进行浸泡,用以分析初始损伤对腐蚀混凝土抗压强度的影响。

一般来说,测定混凝土立方体抗压强度的标准尺寸为 150mm × 150mm × 150mm,根据《混凝土强度检验评定标准》(GB/T 50107—2010)的规定,试验也可以采用尺寸为 100mm × 100mm × 100mm 的试件,将结果乘以换算系数 0.95 后得到。

四、材料和配合比

深部地层含有大量对井壁和装备有害的盐离子,比如 Cl^- 离子、SO_4^{2-} 离子。在这些腐蚀性离子的腐蚀作用下,井壁难免发生劣化。当混凝土的组成或配合比发生变化,即使仅仅水灰比发生少量改变,也可能会对腐蚀速率产生严重影响。因此,加速腐蚀试验中混凝土配合比采用井壁原配合比浇筑,见表 3-2。试验选用由 P · O 42.5R 水泥,其主要物理性能见表 3-3;粗集料为粒径 5 ~ 25mm 的碎石,连续级配;细集料为天然河沙,中砂。

混凝土配合比 (kg/m^3) 表 3-2

原料	水泥	砂	石	水
配合比	400	620	1224	196

P · O 42.5R 水泥的主要性能 表 3-3

细度(%)80μm 筛余	标准稠度用水量	安定性	初凝时间(min)	终凝时间(min)	抗折强度(MPa)		抗压强度(MPa)	
					3d	28d	3d	28d
0.6	26.80%	合格	180	320	3.5	7.5	25.2	48.4

搅拌采用自落式强制混凝土搅拌机，试件在浇筑后24h脱模后，放置于养护室内进行28d标准养护(图3-3)。

a)搅拌

b)浇筑完的试块

c)标准养护完成的部分三点弯曲梁试件

图3-3 三点弯曲梁试件制作现场图

为了试验时便于区别，所有完成标准养护的三点弯曲梁试件，在剔除一些表面气孔较多的不良试件后，分为Z、B、C、G组，并使用油性记号笔标注。其中，Z代表清水中浸泡养护，B和C分别表示在9%和15%硫酸盐溶液下浸泡，G是在15%硫酸盐溶液的硫酸盐干湿循环机中，进行加速腐蚀。

完成标准养护后，除了3块三点弯曲梁进行0d时的超声检测和三点弯曲试验外，其余试件按照编号放入预定的腐蚀环境中，进行加速腐蚀试验。当混凝土由于腐蚀面临耐久性问题时，都是在服役一段时间后，因此加速腐蚀试验中，第一个超声检测和三点弯曲试验在浸泡龄期60d时进行，之后的试验时间依次是浸泡龄期90、120和150d。

每个试验龄期有3个试件，并以第一位数字代表腐蚀龄期(30的倍数)，第2

位数字代表当月的第几块。比如 Z－2－3 表示在清水中养护 60d 后，进行试验的第 3 个三点弯曲梁伴随试件。三点弯曲梁加速腐蚀试验的试件安排见表 3-4。

三点弯曲梁试件编号表 表 3-4

编号	腐蚀环境	溶液浓度（%）	腐蚀龄期（d）				
			0	60	90	120	150
Z	浸泡	0	3	3	3	3	3
B	浸泡	9	0	3	3	3	3
C	浸泡	15	0	3	3	3	3
G	干湿循环	15	0	3	3	3	3

除三点弯曲梁外，还浇筑了一系列的立方体试件（图 3-4），用于测定在不同腐蚀龄期时的混凝土单轴抗压强度，分析腐蚀混凝土抗压强度随腐蚀龄期的变化规律。

图 3-4 标准养护完的立方体试件

作为一种特殊的地下结构，立井井壁的深度可能达到上千米。采用现浇法建立的井壁，其施工要经历开挖、支模、浇筑以及拆模等工序，一节一节地将井壁建立起来。如果施工中各工序的安排过于紧凑，上一节井壁尚未完全形成强度就开始承担上部井壁的自重，那么这部分井壁就会形成裂缝等初始损伤。初始损伤的存在，为腐蚀性环境水提供了通道，使得井壁与腐蚀性水有了更大的接触面积，从而可能会进一步缩短腐蚀井壁的服役寿命。

为了分析初始损伤对腐蚀井壁服役寿命产生的影响，标准养护后的立方体试件，除 3 块立即进行 0d 单轴抗压强度试验，其余试件分别为 3 组。这 3 组中，其中一组直接放入清水和 15% 硫酸盐溶液中进行浸泡，其余两组分别使用压力机进行 14 和 21MPa 的加载后，再放入清水和 15% 硫酸盐溶液中进行浸泡。由于硫酸盐干湿循环机的容量有限，未设置干湿循环组。立方体试件的编号见表 3-5。

立方体试件编号表　　表 3-5

编号	预加载(MPa)	溶液浓度(%)	浸泡龄期(d)							
			0	30	60	90	120	150	180	210
0S0	0	0	3	3	3	3	3	3	3	3
15S0	0	15	0	3	3	3	3	3	3	3
0S1	14	0	0	3	3	3	3	3	3	3
15S1	14	15	0	3	3	3	3	3	3	3
0S2	21	0	0	3	3	3	3	3	3	3
15S2	21	15	0	3	3	3	3	3	3	3

第二节　加速腐蚀试验的机理分析

一、加速腐蚀试验的代表性分析

如果加速腐蚀试验发生的腐蚀反应与现场腐蚀不同，不仅加速腐蚀试验得到的腐蚀混凝土劣化规律不能代表腐蚀井壁性能劣化规律，按照该劣化规律推算腐蚀井壁的剩余寿命也是不可靠的。

加速腐蚀试验对井壁现场腐蚀的代表性，采用了 XRD、EDS 和 SEM 方法，通过分析腐蚀混凝土的物相组成及微观结构，研究加速腐蚀试验过程中发生的腐蚀反应，并与井壁腐蚀反应进行对比，进行定性评价。其中，XRD 分析仪器采用日本理学 Ultima Ⅳ 组合型多功能水平 X 射线衍射仪，SEM 和 EDS 仪器采用 FEI Quanta 250 扫描电镜及其附带的能谱仪。样品的制作方法以及仪器的使用方法与第二章相同。

试件表面直接与腐蚀溶液接触，其腐蚀程度最大，腐蚀产物含量也最高，便于进行分析，因此在试件表面进行取样。由于必然会对试件造成一定的损伤，因此在超声及三点弯曲试验完成后进行取样。

将腐蚀龄期 150d，9% 和 15% 浸泡腐蚀以及 15% 干湿循环加速腐蚀的三点弯曲梁试件在表层取样后，将样品碾磨至 10μm 左右的细粉末填入衍射仪样品台上的凹槽中，进行 XRD 试验。通过 JADE5.0 配合 PDF2000 卡片进行 XRD 分析的结果如图 3-5 所示。

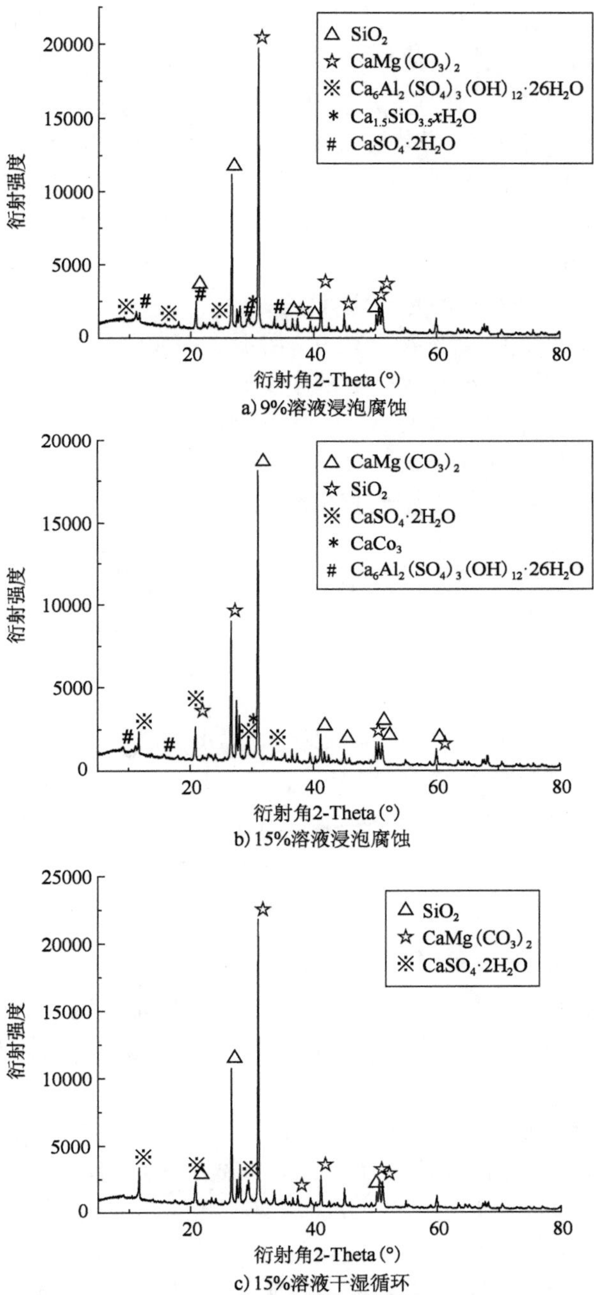

图 3-5 腐蚀龄期 150d 的三点弯曲梁试件 XRD 分析图

三点弯曲梁试件在9%硫酸盐溶液中浸泡腐蚀150d后，特征峰比较明显的成分有：石英（SiO_2）、白云石（$CaMg(CO_3)_2$）、钙矾石（$Ca_6Al_2(SO_4)_3(OH)_{12} \cdot 26H_2O$）、水化硅酸钙（$Ca_{1.5}SiO_{3.5} \cdot xH_2O$）和石膏（$CaSO_4 \cdot 2H_2O$）。在15%硫酸盐溶液中浸泡150d后，特征峰明显的成分有：白云石（$CaMg(CO_3)_2$）、石英（SiO_2）、石膏（$CaSO_4 \cdot 2H_2O$）、方解石（$CaCO_3$）和钙矾石（$Ca_6Al_2(SO_4)_3(OH)_2 \cdot 26H_2O$）。在15%溶液硫酸盐干湿循环条件下浸泡150d的试件，其特征峰明显的成分有：石英（SiO_2）、白云石（$CaMg(CO_3)_2$）和石膏（$CaSO_4 \cdot 2H_2O$）。

同样浸泡腐蚀150d，15%溶液比9%溶液试件在成分上多了方解石，但少了水化硅酸钙。同样在15%硫酸盐溶液中腐蚀了150d，相对于浸泡腐蚀试件而言，干湿循环试件的石膏含量更高，且没有了钙矾石存在。图3-6为腐蚀龄期150d时，XRD在2-Theta介于5°~25°时的对比图。图中从上至下，依次为15%干湿循环、15%和9%溶液浸泡腐蚀环境下的试件。

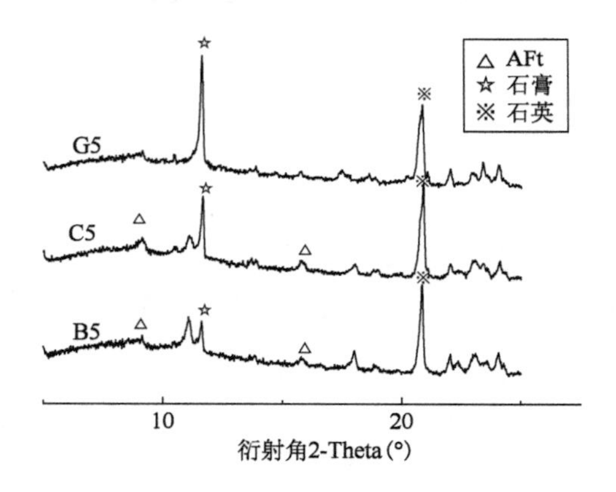

图3-6 腐蚀龄期150时不同腐蚀环境下XRD分析对比图

由图3-6可见，石膏的含量从高到低依次为：15%溶液干湿循环、15%溶液浸泡腐蚀和9%溶液浸泡腐蚀。9%和15%溶液浸泡腐蚀试件都有少量钙矾石存在，而15%溶液干湿循环的试件中则基本没有。

钙矾石作为钙矾石结晶型腐蚀的腐蚀产物，多发生在pH值大于12、SO_4^{2-}浓度小于1000mg/L的腐蚀溶液中。加速腐蚀试验过程中，一方面溶液中的SO_4^{2-}由于腐蚀反应逐渐消耗，另一方面混凝土孔隙溶液中$Ca(OH)_2$的溶出，使溶液的pH从中性向碱性移动，从而促使了少量钙矾石型硫酸盐腐蚀的产生。由于每月采用新溶液对腐蚀溶液进行置换，浸泡腐蚀试验的钙矾石生成量与石膏相比都非常有限,其主要腐蚀类型是石膏结晶型腐蚀,这说明每月置换溶液是非常必要的。

对于硫酸盐干湿循环腐蚀而言,由于在“干”过程中,孔隙内水分的蒸发,其中的盐分快速结晶析出;“湿”过程中,在毛细孔吸附力的作用下孔隙内又吸附了大量硫酸盐溶液。因此,混凝土孔隙内 SO_4^{2-} 浓度实际上是高于溶液的,这不仅加快了硫酸盐的腐蚀速率,也抑制了钙矾石结晶型硫酸盐腐蚀的发生。

二、腐蚀以外因素对混凝土性能的影响分析

在腐蚀溶液中发生腐蚀反应的同时,混凝土内部还发生其他的物理化学反应,比如尚未水化水泥颗粒的继续水化、$Ca(OH)_2$溶解而产生的溶蚀作用等。这些因素的共同作用下,推动着腐蚀混凝土性能随着时间发生变化。为了分析除硫酸盐腐蚀作用外,其他因素对混凝土性能的影响,设置了浸泡在清水中的试件作为对照组。

为了增强对比性,清水浸泡试件的取样部位也选择在了试件表层。样品碾磨后进行 XRD 试验,然后用 JADE5.0 配合 PDF2004 分析了其物相组成。图 3-7 中,分别是试件在清水中浸泡了 0d、90d 和 150d 的 XRD 分析结果。

三点弯曲梁试件完成标准养护时,衍射峰较明显的成分有:白云石(Dolomite)、石英(SiO_2)、氢氧化钙($Ca(OH)_2$)和珍珠云母(Margarite-2M1);清水浸泡 60d 后衍射峰明显的成分有:石英(SiO_2)、白云石(Dolomite)、氢氧化钙($Ca(OH)_2$)、水化硅酸钙($Ca_{1.5}SiO_{3.5} \cdot xH_2O$)和珍珠云母(Margarite-2M1);清水浸泡 150d 后衍射峰明显的成分为:白云石(Dolomite)、石英(SiO_2)、水化硅酸钙($Ca_{1.5}SiO_{3.5} \cdot xH_2O$)、水化铝酸钙($Ca_4Al_2O_7 \cdot xH_2O$)、氢氧化钙($Ca(OH)_2$)和珍珠云母(Margarite-2M1)。

混凝土中超过 80% 的成分为集料,因此常见造岩矿物白云石(Dolomite)、石英(SiO_2)和珍珠云母(Margarite-2M1)的特征峰,在各浸泡龄期的试件中都很明显。对水化产物而言,0d 时有明显特征峰的只有 $Ca(OH)_2$,浸泡 90d 后样品中出现了水化硅酸钙($Ca_{1.5}SiO_{3.5} \cdot xH_2O$),浸泡 150d 后,还出现了水化铝酸钙($Ca_4Al_2O_7 \cdot xH_2O$)。混凝土试件在清水中浸泡 90d 后,$Ca(OH)_2$衍射峰没有明显变化,但到 150d 时,出现了明显的降低。

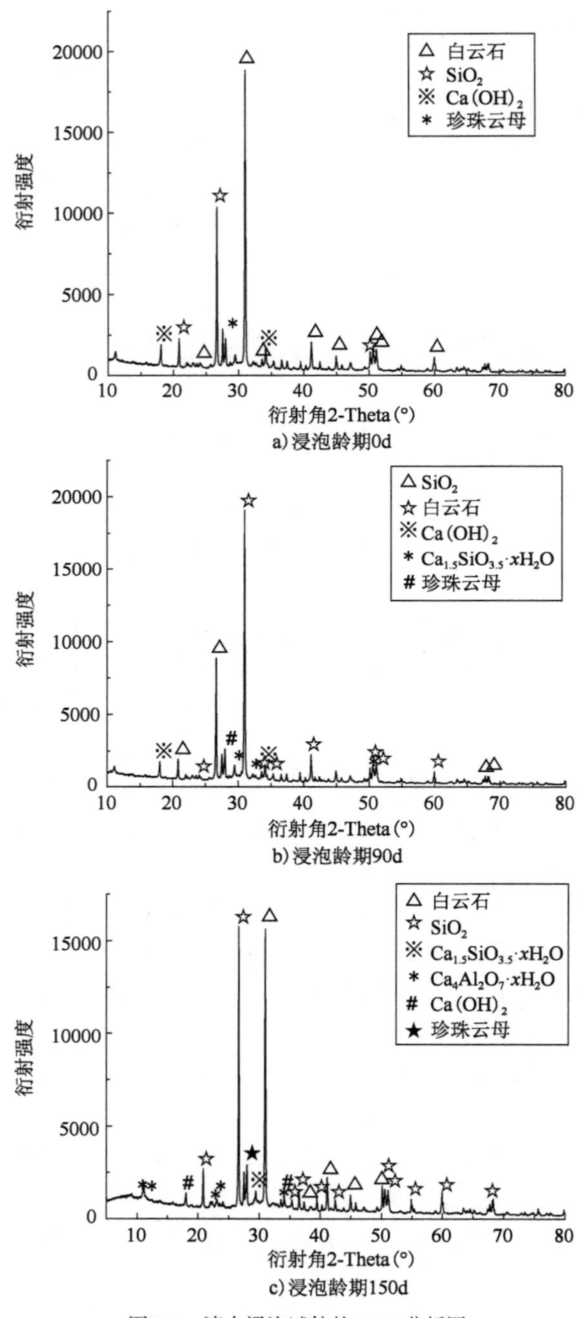

a) 浸泡龄期0d

b) 浸泡龄期90d

c) 浸泡龄期150d

图 3-7 清水浸泡试件的 XRD 分析图

混凝土搅拌时,水化反应首先在水泥颗粒表面发生,生成的水化产物很快溶解于水,颗粒又暴露出新的表面并发生水化反应,这个反复进行的过程使得水泥颗粒层层发生反应。但是水化速度在水化期内并不均匀,特别是初期时水化速度较快,当水化产物生成速度大于其溶解的速度时,水泥颗粒由于周围溶液达到饱和或过饱和态,形成的半渗透膜层包裹在水泥颗粒外,阻止了水化反应的持续发生。在清水中浸泡的过程中,这些尚未水化的水泥颗粒的继续水化,使混凝土内部的水化产物增多,有利于增强混凝土的性能。溶液的 pH 值接近中性,而混凝土内部为强碱性环境,浸泡会使 $Ca(OH)_2$ 溶解于溶液中,也会使混凝土结构疏松,有降低混凝土性能的趋势。

图 3-8 分别是在清水中浸泡 0d、90d 和 150d 的样品,在 1000 倍下的电镜图(SEM)。

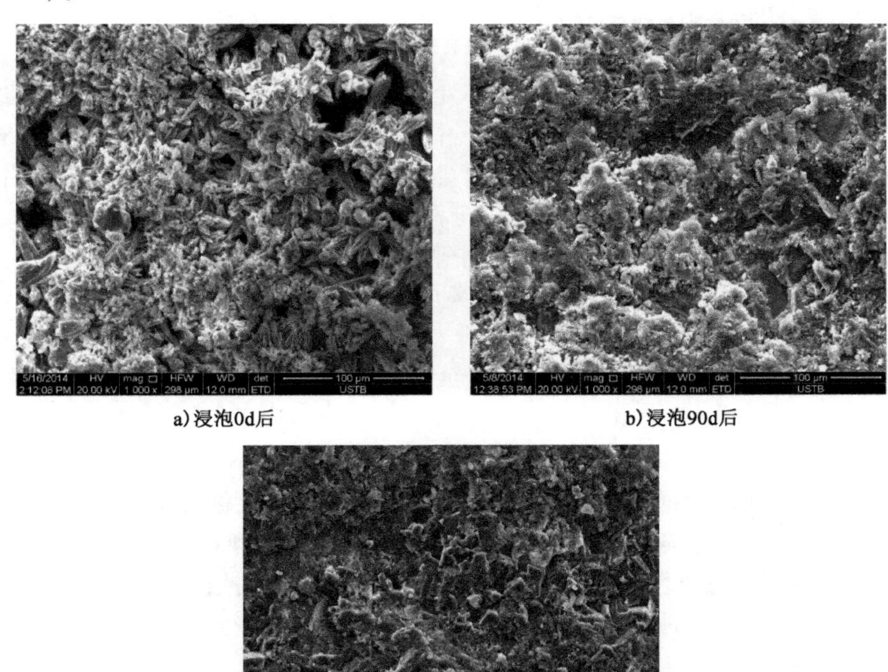

a)浸泡0d后

b)浸泡90d后

c)清水浸泡150d后

图 3-8 清水浸泡试件的 1000 倍电镜图(SEM)

由图 3-8 可见，经过清水浸泡 90d 后，混凝土内部一些细小的孔隙得到填充。在浸泡初期，混凝土的致密性得到了部分提升，但 150d 时的电镜图与 90d 时相差无几。说明除硫酸盐腐蚀外，其他因素对混凝土性能的影响集中于浸泡初期。

第三节　井壁混凝土性能的腐蚀劣化规律研究

一、超声性能的劣化规律

硫酸盐腐蚀的过程中，混凝土内部发生的一系列物理化学反应使得其结构疏松，甚至发生开裂。超声波在混凝土中传播过程中，如果遇到缺陷（如裂缝、空洞），传播路径因绕过缺陷而变长，将会导致声时增加，计算声速减小，因此超声在混凝土内部的传播速度可以在一定程度上反映混凝土致密性的变化。

当试件从浸泡或者干湿循环环境中取出时，内部孔隙中难免含有水分，这些填充在混凝土内部缺陷中的水分对超声波的传输起到了“桥接”作用，势必会提高超声波在损伤层和未损伤层的超声传播速度。因此每次超声检测前，试件都要先放置于干燥通风环境下，进行一天的自然晾干。自然晾干后的三点弯曲梁试件，用超声检测仪进行超声试验后，再进行三点弯曲试验。

清水中浸泡的试件，在溶蚀和后期水化的共同作用，不同水化产物含量的此消彼长，都不足以在混凝土表面形成明显损伤层。加速腐蚀试验中主要腐蚀类型是石膏结晶型，这类硫酸盐腐蚀中，腐蚀前期生成的石膏对混凝土内部空隙的填充并未降低混凝土性能，因此其表面也不会有腐蚀损伤层的存在。这些试件超声数据在绘制“声时-测距”图后，通过采用 $y = ax + b$ 进行拟合，就可以得到超声在试件内的传播速度。

而那些表面有明显腐蚀损伤层的试件，由于损伤层与未损伤层超声的传播速度不同，“声时-测距”图中存在着明显的转折点，通过下式进行计算，可以得到损伤层和未损伤层声速，以及腐蚀层厚度。

$$\frac{L_0}{v_{\mathrm{f}}} = \frac{2\sqrt{d_{\mathrm{fc}}^2 + x^2}}{v_{\mathrm{f}}} + \frac{L_0 - 2x}{v_{\mathrm{a}}} \tag{3-1}$$

由式(3-1)可得腐蚀层厚度的计算公式(3-2)。

$$d_{fc}=\frac{L_0}{2}\sqrt{\frac{v_a-v_f}{v_a+v_f}} \tag{3-2}$$

式中:x——穿过腐蚀层传播路径的水平投影(mm);

v_f——腐蚀层混凝土声速(mm/μs);

v_a——未损伤混凝土声速(mm/μs);

L_0——声速突变点处两换能器之间的间距(mm)。

由于处理方法完全不同,下面分别以 Z0 和 B5 组为例,分别对无损伤层和有损伤层试件的数据处理进行说明。

为了降低误差,每个三点弯曲梁试件都有两个测试面,分布在预制切口两侧,而每个测试面都有一组超声声时数据对应。Z0 组中,将同一测距的声时进行平均后,见表 3-6。将平均声时与对应的测距绘制"时-距"坐标图,如图 3-9 所示。

Z0 组超声记录表(μs) 表 3-6

试件编号	测试面编号	换能器间距(mm)						
		0	50	100	150	200	250	300
1	1	0	7.7	21.4	33.3	42.1	53.6	63.4
	2	0	10.1	20.2	29.2	38.1	51.2	60.3
	均值	0	8.9	20.8	31.2	40.1	52.4	61.8
2	1	0	10.1	23.4	32.9	43.6	48.9	59.2
	2	0	11.3	20	29.5	43.2	53.7	61.4
	均值	0	10.7	21.7	31.2	43.4	51.3	60.3
3	1	0	10.5	21.2	28.3	42.9	52.8	61.8
	2	0	7.8	22.2	29.6	38.5	49.3	59.9
	均值	0	9.1	21.7	29	40.7	51.1	60.8

Z0 组三点弯曲梁中,3 个伴随试件的测距与声时之间的线性回归方程分别为 $y=4.7939x+2.6232$、$y=4.9217x-3.7742$ 和 $y=4.898x+1.3906$,相关系数 R 分别为 0.9994、0.9987 和 0.9991。三点弯曲梁试件"时-距"点的线性关系良好,说明标准养护完成后的三点弯曲梁试件表层质地均匀,没有明显的损伤层。超声在 3 个伴随试件中传播速度分别为 4.79、4.92 和 4.90mm/μs,同组间声速差别很小,说明三点弯曲梁试件同组间的差异性较小,浇筑质量不错。

当腐蚀混凝土试件形成明显腐蚀损伤层时,由于"时-距"图中转折点的存在,其超声数据的处理方法与无损伤层不同。9% 硫酸盐溶液浸泡了 150d 的试件，其超声记录表和“时-距”坐标图，分别见表3-7 和图3-10。

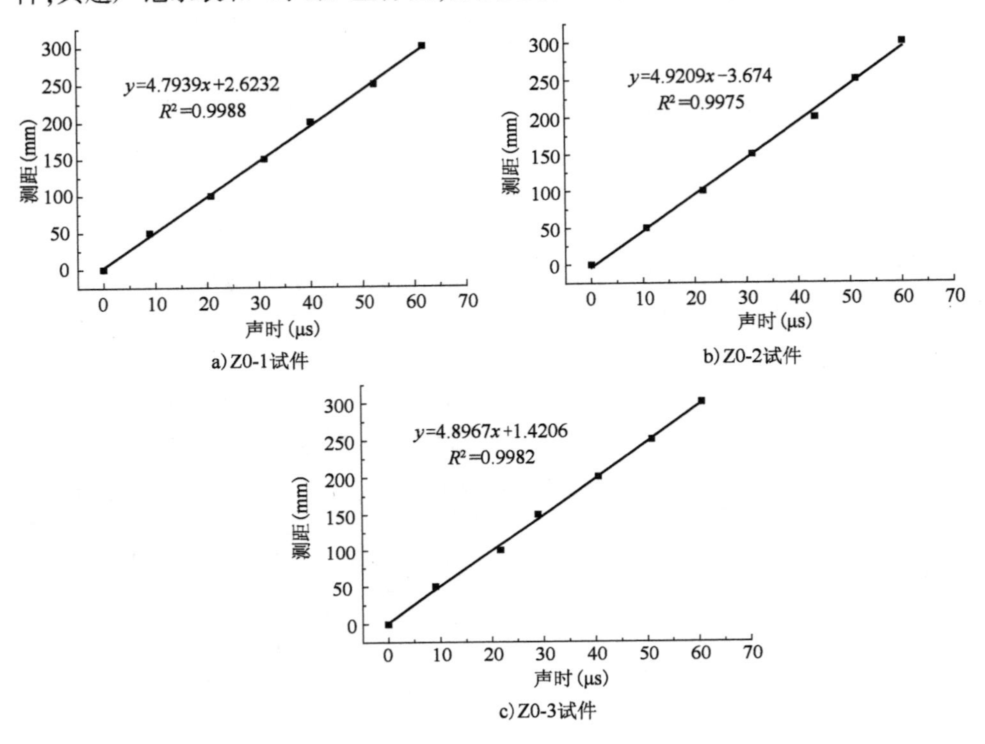

图3-9　Z0 组试件声时-测距关系图

B5 组超声记录表(μs)　　表3-7

试件编号		测试方式	换能器间距(mm)							
			0	50	100	150	200	250	300	350
B5	1	平测1	0	13.3	20.1	28.5	39.8	49.2	58.9	69.5
		平测2	0	12.9	19.9	30.5	39.4	48.8	59.3	70.1
		均值	0	13.1	20	29.5	39.6	49	59.1	69.8
	2	平测1	0	12.7	20	29.4	39.1	50.2	58.6	69.1
		平测2	0	12.9	19.4	29.6	39.3	49	58.8	67.9
		均值	0	12.8	19.7	29.5	39.2	49.6	58.7	68.5
	3	平测1	0	13	19.3	29.9	39.3	49.9	60.2	68.9
		平测2	0	12.8	20.1	29.1	39.9	49.5	58.4	69.9
		均值	0	12.9	19.7	29.5	39.6	49.7	59.3	69.4

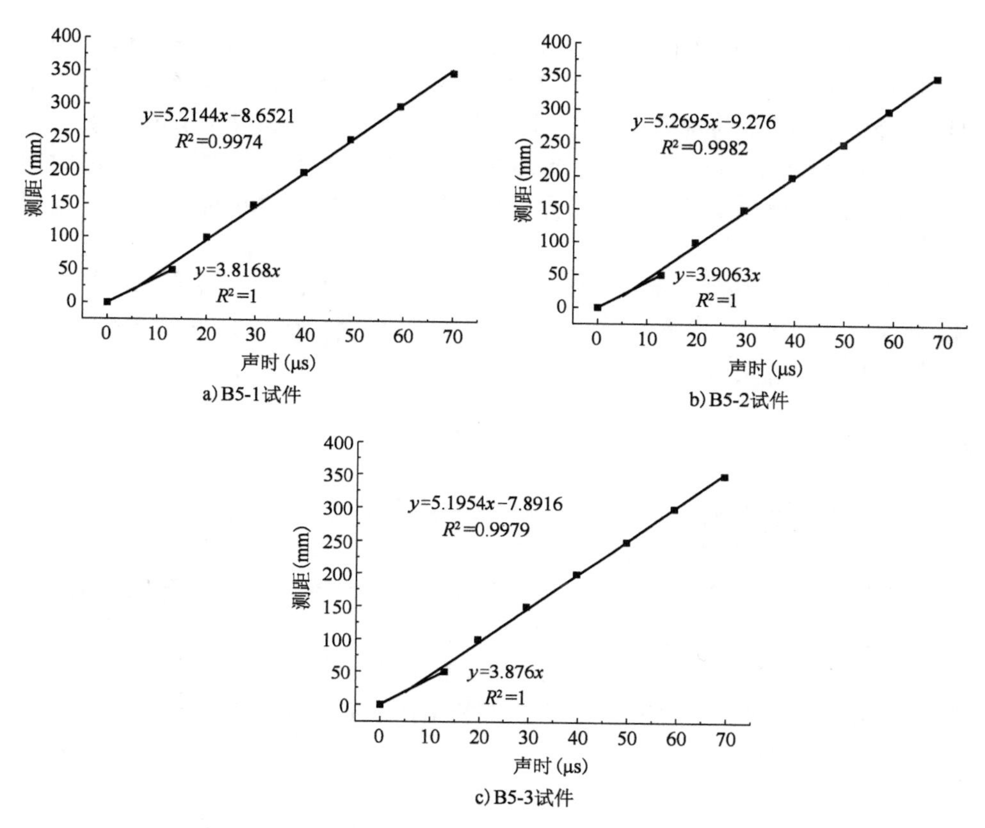

图3-10 9%硫酸盐溶液浸泡150d时试件声时-测距图(B5)

在9%硫酸盐溶液中浸泡了150d的三点弯曲梁试件B5-1、B5-2和B5-3,其损伤层的回归方程分别为:$y = 3.8168x$、$y = 3.9063x$和$y = 3.876x$;未损伤层回归方程分别为:$y = 5.2144x - 8.6521$、$y = 5.2695x - 9.276$和$y = 5.1954x - 7.8916$。于是,按照超声平测法测腐蚀层厚度的计算公式,三点弯曲梁试件的腐蚀层厚度计算结果见表3-8。表中,v_a、v_f、L_0和d_{fc}分别代表未损伤层和损伤层声速、转折点以及损伤层厚度。

9%溶液浸泡150d时的腐蚀层厚度(B5) 表3-8

编号	v_a(mm/μs)	v_f(mm/μs)	L_0(mm)	d_{fc}(mm)
B5-1	5.21	3.83	23.08	4.51
B5-2	5.27	3.92	26.26	5.02
B5-3	5.19	3.89	23.26	4.41
均值	5.22	3.88	24.20	4.65

在9%硫酸盐溶液中浸泡150d后,三点弯曲梁试件的腐蚀层厚度分别为4.51、5.02和4.41mm,腐蚀层声速为3.83、3.92和3.89mm/μs。在相同腐蚀条件下,经历了相同腐蚀时间的试件,其腐蚀层声速最大值和最小值相差2.6%,腐蚀层厚度最大值和最小值相差13.8%。在相同腐蚀环境中腐蚀了相同时间的3个试件间,性能劣化程度的差异较小,说明不同试件对相同腐蚀条件的反应较一致。

为了分析腐蚀过程中,除硫酸盐腐蚀因素外,其他因素对混凝土性能的影响,定义了相对超声声速系数,作为评价腐蚀混凝土损伤程度的指标之一,见式(3-3)。

$$v_{\mathrm{r}} = \frac{v'_{\mathrm{t}}}{v_{\mathrm{t}}} \tag{3-3}$$

式中:v'_{t}——浸泡龄期t时,腐蚀试件表面超声声速(mm/μs);

v_{t}——浸泡龄期t时,清水试件声速(mm/μs)。

图3-11和图3-12分别是不同腐蚀龄期不同腐蚀环境下,三点弯曲梁试件的表层声速和表层相对声速。其中,清水浸泡环境下各浸泡龄期,以及9%和15%硫酸盐溶液浸泡环境下腐蚀龄期60d不存在腐蚀损伤层,这部分试件的表层声速可以代表整个试件的声速。而其他试件由于腐蚀损伤层的存在,表层声速的意义就是腐蚀层声速。

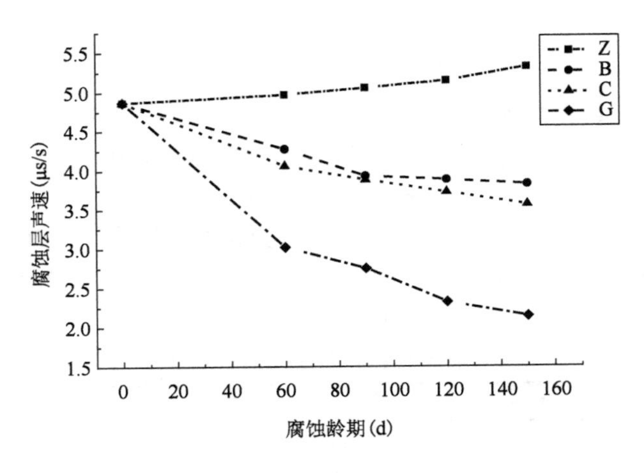

图3-11　表层声速(v-t)

由图3-11可见,清水浸泡环境下的三点弯曲梁,其超声声速虽然随浸泡龄期一直处于上升之中，但是上升幅度并不大，浸泡龄期从 0d 至 150d，声速由 4.87mm/μs增长到了 5.31mm/μs，仅增加了 9.0%。腐蚀环境下试件的表层声速，则与清水浸泡环境恰好相反，始终处于下降之中。浸泡腐蚀试件表层声速降低更明显些，9% 和 15% 的表层声速从 0d 时候的 4.87mm/μs，降低至 150d 时的 3.82 和 3.56mm/μs，分别降低了 21.6% 和 26.9%。处于 15% 硫酸盐溶液干湿循环中的试件，其表层声速降低速率更显著，150d 时表层声速为 2.14mm/μs，仅为 0d 时的 43.9%。

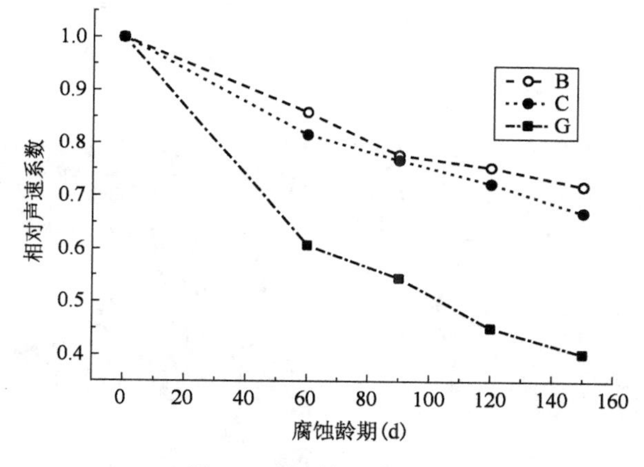

图 3-12　表层相对声速(v_r-t)

由图 3-12 可见，相对声速系数随腐蚀龄期的增长，也都出现了不同程度的下降，其中浸泡在 9% 和 15% 溶液中试件的 $v_r - t$ 曲线的趋势相同，前期相对声速降低缓慢，60d 时降低至 0.98 和 0.94，在经历 60d 与 90d 之间的陡降段后，相对声速系数开始趋于平稳，150d 时分别为 0.80 和 0.78。处于 15% 溶液干湿循环试件的 $v_r - t$ 曲线明显与浸泡腐蚀试件不同，相对声速系数随腐蚀龄期呈快速下降，150d 时相对声速系数仅剩余 0.40。在相同腐蚀龄期时，相对声速系数从大到小依次为：9% 溶液浸泡、15% 溶液浸泡和 15% 溶液干湿循环。

二、失稳韧度的劣化规律

传统强度理论以材料力学和结构力学作为基础，假定材料为均匀连续体，认为只要服役时荷载不超过材料的允许应力，那么就认为结构是安全的。但这个假定忽略了材料本身往往都普遍存在着裂纹等缺陷，实际强度往往远低于理论强度的特点，无法解释一些低应力水平下的脆断事故。作为一种典型的非均质材料，混凝土内部往往遍布微裂纹，甚至会出现宏观的缺陷、夹渣、气泡、孔穴、偏析等现象。作为混凝土的重要力学性能指标之一，断裂韧度反映了材料抵抗裂纹失稳扩展即抵抗脆断的能力。

通过三点弯曲试验，不仅可以得到混凝土的断裂韧度，通过分析试验过程中的荷载-裂缝口张开位移（*P-CMOD*）曲线，还可以得到三点弯曲梁的弹性模量。

三点弯曲试验主要的试验仪器有：德国 Toni Technik 三点弯曲试验机、美国物理声学公司 PCI－2 声发射系统、扬州晶明科技有限公司 JM3840 动静态应变测试分析系统、北京钢研纳克检测技术有限公司 YYJ-5/10 夹式电子引伸计以及 SZ-120-50AA 和 SZ120-30AA 应变片，如图 3-13 所示。

a) Toni Technik断裂试验机

b) PCI-2声发射系统

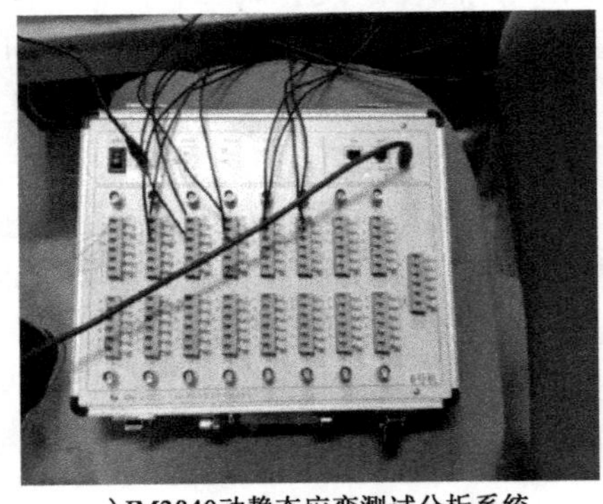

c) JM3840动静态应变测试分析系统

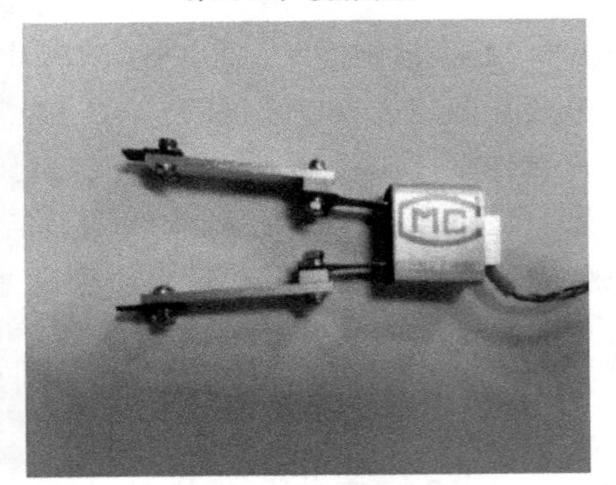

d) YYJ-5/10电子引伸计

图 3-13　三点弯曲试验的主要试验仪器

由于混凝土在荷载-位移曲线上表现出明显的非线性特征，一般的线弹性断裂力学无法直接用于混凝土断裂力学的研究。基于非线性断裂力学和混凝土自身的特点，众多学者提出了不同的适用于混凝土的非线性断裂力学模型。其中，徐世烺等以线弹性断裂力学为基础，通过将裂缝扩展分为初始起裂、稳定扩展和失稳破坏3个阶段，提出了双 K 断裂模型，并得到了我国《水工混凝土断裂试验规程》(DL/T 5332—2005)的推荐。对于Ⅰ型裂缝，双 K 断裂模型通过使用起裂韧度和失稳韧度分别表示裂缝起裂和失稳的临界状态，创立了双 K 断裂判据。可描述为：当 K 分别等于 K_{IC}^{Q} 和 K_{IC}^{S}，裂缝分别处于起裂和临界失稳状态；当 $K < K_{IC}^{Q}$ 时，裂缝稳定，$K > K_{IC}^{S}$ 时，裂缝失稳；K 介于 K_{IC}^{Q} 和 K_{IC}^{S} 时，裂缝处于稳定扩展阶段。根据《水工混凝土断裂试验规程》(DL/T 5332—2005)，双 K 断裂模型的失稳韧度 K_{IC}^{S}，可按式(3-4)计算。

$$K_{IC}^{S} = \frac{1.5\left(P_{\max} + \frac{mg}{2} \times 10^{-2}\right) \times 10^{-3} \cdot S \cdot a_{c}^{\frac{1}{2}}}{th^{2}} f(\alpha) \tag{3-4}$$

$$f(\alpha) = \frac{1.99 - \alpha(1-\alpha)(2.15 - 3.93\alpha + 2.7\alpha^{2})}{(1+2\alpha)(1-\alpha)^{1.5}} \tag{3-5}$$

$$\alpha = \frac{a_{c}}{h} \tag{3-6}$$

$$a_{c} = \frac{2}{\pi}(h + h_{0}) \arctan\left(\frac{tECMOD_{c}}{32.6P_{\max}} - 0.1135\right)^{\frac{1}{2}} - h_{0} \tag{3-7}$$

$$E = \frac{1}{tc_{i}}\left[3.70 + 32.60 \tan^{2}\left(\frac{\pi}{2}\frac{a_{0} + h_{0}}{h + h_{0}}\right)\right] \tag{3-8}$$

式中：$P_{\max}$——最大荷载；

m——试件支座间的质量(对试件总质量按S/L比折算)；

g——重力加速度；

a_{c}——临界有效裂缝长度；

t——试件宽度；

h——试件高度；

α——缝高比；

h_{0}——装置夹式引伸计刀口薄钢板的厚度；

E——弹性模量；

c_{i}——P-$CMOD$ 曲线中直线段任一点的斜率；

a_{0}——跨中预制裂缝长度；

$CMOD_{c}$——临界裂缝张开口位移。

由于三点弯曲梁的尺寸并非标准尺寸，可按式(3-9)将其换算成标准试件的断裂韧度。

$$K_{IC}^{标准}=\left(\frac{V_{非标准}}{V_{标准}}\right)^{\frac{1}{\alpha}}\left(\frac{h_{非标准}}{h_{标准}}\right)^{\frac{1}{2}}K_{IC}^{非标准} \tag{3-9}$$

式中：$h_{标准}$、$h_{非标准}$——取0.2m和0.1m；

$V_{标准}$、$V_{非标准}$——标准试件和非标准试件的体积(m^3)，分别为$0.024m^3$和$0.004m^3$；

α——Weibull参数，对混凝土一般可取7~13，这里取中间值10。

试件浇筑时难免存在差异，经历相同的硫酸盐腐蚀后，不同试件的腐蚀程度也会有所不同，而三点弯曲试验的*P-CMOD*曲线，对计算弹性模量和失稳韧度都很重要。因此，计算前，首先要对*P-CMOD*曲线进行预处理。下面以Z0为例进行说明。

为消除试样不均匀对试验结果的影响，每组三点弯曲梁试验都设置了3个伴随试件。对*P-CMOD*曲线的处理分为两个过程，第一个过程是对这3个伴随试件的*P-CMOD*曲线分别进行预处理，第二个过程是将3个伴随试件的*P-CMOD*预处理完的曲线综合成一个曲线。其中，第一个过程又可分为以下3步进行：

(1)振捣不充分或搬运等因素，都有可能造成个别试件的*P-CMOD*曲线与同组其他伴随试件存在很大差异。这种试件不能客观地反映该组试件的性能，可以予以剔除，如FZ0-1试件。

(2)部分数据偏离趋势线太远，这部分数据没有明显的规律性，可视为异常点予以剔除。

(3)三点弯曲梁加载过程中不存在受拉的情况，起始段荷载值(P)为负数的数据点，予以剔除。图3-14是Z0-1试件*P-CMOD*曲线预处理前后对比。

第一个过程处理完，将同组伴随试件的*P-CMOD*曲线，以一定的方式平均后，就可以获得一个可以代表各组试件的*P-CMOD*曲线。Griffith-Irwin的"等效弹性裂纹方法"认为，荷载达到最大值前，断裂过程区和有效裂缝扩展长度Δa都是随荷载的增加而增长的。荷载达到最大值以后，有效裂缝扩展长度Δa包含着峰值时的等效裂缝扩展c的断裂过程区沿着开裂路径向前移动。那么可以通过将*P-CMOD*曲线分成荷载最大值前后两个阶段，分别进行平均。下面以Z0组为例，对平均的方法进行说明。

(1)将Z0组的有效试件Z0-1和Z0-3的*P-CMOD*曲线，从原点到P_{max}点，等距划分成100等分，每个等分点的荷载值由其邻近数据点通过线性插值求得。

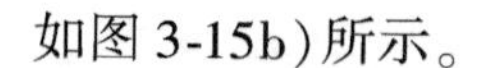

如图 3-15b)所示。

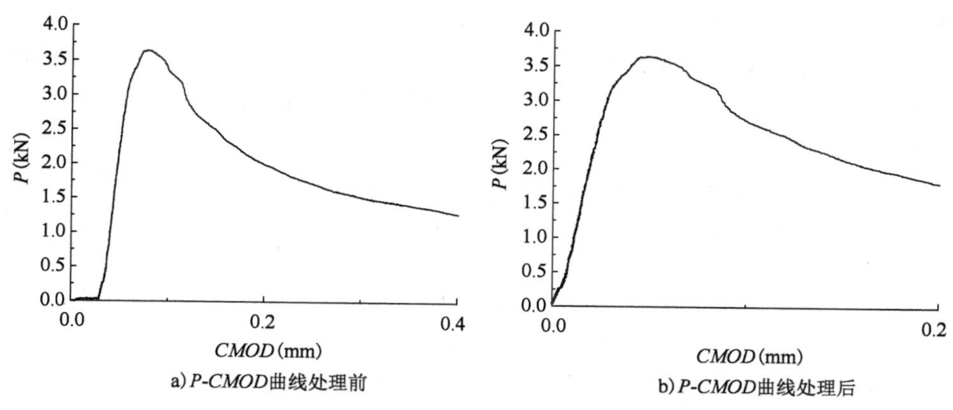

图 3-14 Z0-1 试件 P-CMOD 曲线处理前后对比

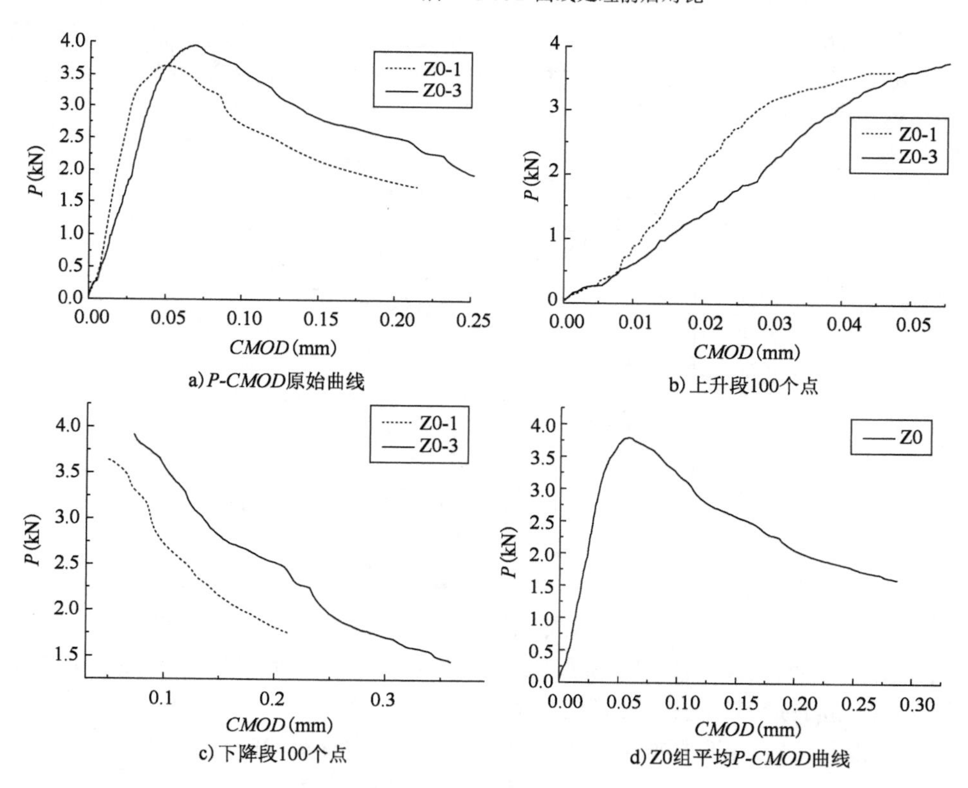

图 3-15 P-CMOD 曲线二次处理

(2)Z0-1 和 Z0-3 的 P-CMOD 曲线,从 P_{max} 点到曲线结束点,同样等距划分成100等分，每个等分点的荷载值由其邻近数据点通过线性插值求得，如图3-15c)所示。

(3)通过前两个步骤的处理，Z0-1和Z0-3在相同位置数据点，有相同的断裂状态。将每个试件的第 i 个 $CMOD$ 和 P 值进行平均后，得到平均后的 P-$CMOD$ 曲线，如图3-15d)所示。

为分析腐蚀过程中，除硫酸盐腐蚀因素外，其他因素对混凝土失稳韧度的影响，定义了相对失稳韧度，作为评价腐蚀混凝土损伤程度的指标之一，可用式(3-10)进行计算。

$$K_r = \frac{K'_t}{K_t} \tag{3-10}$$

式中：K_t——浸泡龄期为 t 时，清水试件失稳韧度（$\mathrm{MPa \cdot m^{1/2}}$）；

K'_t——浸泡龄期为 t 时，腐蚀试件失稳韧度（$\mathrm{MPa \cdot m^{1/2}}$）。

图3-16和图3-17分别是在不同腐蚀环境下，不同腐蚀龄期时的失稳韧度以及相对失稳韧度。图中，Z、B和C分别代表清水、9%和15%溶液浸泡，G代表15%溶液硫酸盐干湿循环。

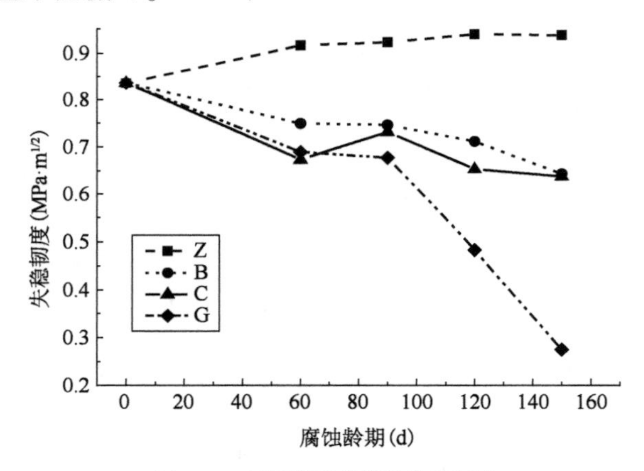

图3-16 不同腐蚀龄期的失稳韧度

由图3-16可见，腐蚀试件的失稳韧度，虽然在90d至120d时经历了一段平缓甚至上升期，但总体上来看随腐蚀龄期是下降的。清水浸泡下试件的失稳韧度，虽然随腐蚀龄期是上升，但是非常缓慢。

浸泡和干湿循环腐蚀的试件，失稳韧度在腐蚀前期的降低程度与规律极为类似，但在腐蚀一段时间后，9%和15%溶液浸泡腐蚀试件的失稳韧度仍然平缓，但干湿循环腐蚀试件的失稳韧度却开始快速下降。60d时，15%溶液干湿循环试件的失稳韧度为60d 时0.689MPa · $m^{1/2}$,比浸泡腐蚀试件的失稳韧度0.746和0.731MPa · $m^{1/2}$仅低8.3%和9.6%。90d 时,15%溶液干湿循环试件的失稳韧度进入快速下降通道,150d 时的失稳韧度降低至0.275MPa · $m^{1/2}$,比90d 时0.677MPa · $m^{1/2}$减少了59.4%。试验时间范围内,浸泡腐蚀试件的失稳韧度的下降程度始终较缓慢,150d 时的失稳韧度0.643 和0.637MPa · $m^{1/2}$,为0d 时的76.9%和76.2%。

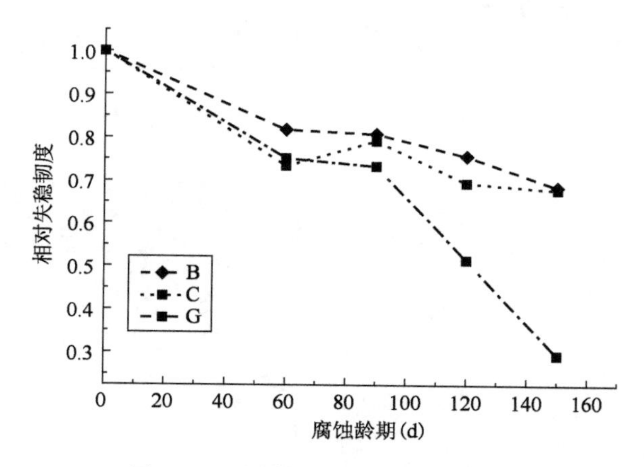

图3-17　不同腐蚀龄期的相对失稳韧度

由图3-17 可见,相对失稳韧度与失稳韧度的趋势基本相同,说明与硫酸盐的腐蚀作用相比,水对失稳韧度的影响很小。

三、立方体抗压强度的劣化规律

与三点弯曲梁试件配合比相同的立方体试件,浇筑24h 脱模后置于标准养护室里养护28d 后,除3 块立即进行浸泡龄期0d 的单轴抗压试验外,其余试件分成3 组,在无预压、加载14 和21MPa 后,分别放入清水和15%溶液硫酸盐溶液中进行浸泡。

浸泡龄期30、60、90、120、150、180 和210d 时,在清水和15%硫酸盐溶液中各取3 个伴随试件,经历一天自然风干后进行单轴抗压试验。将同组伴随试件破坏时的荷载折算成立方体抗压强度后,得到立方体抗压强度的平均值。

混凝土立方体抗压强度试验,采用WEP-600B 液压式万能试验机进行。该试验机的最大加载值为600kN,使用均匀荷载加载方式进行加载,如图3-18 和图3-19 所示。

图 3-18　WEP-600B 液压式万能试验机

图 3-19　加载破坏的立方体试件

尺寸为 100mm × 100mm × 100mm 的立方体试块，其立方体抗压强度 $f_{cu,k}$ 可按下式进行计算：

$$f_{cu,k} = 0.95\frac{F_{max}}{A} \tag{3-11}$$

式中：$f_{cu,k}$——立方体抗压强度（N/mm^2）；

F_{max}——试件破坏时的荷载（N）；

A——试件的承压面积（mm^2）。

图 3-20 为无预压试件的立方体抗压强度随浸泡时间的变化情况，图中上方黑线和下方红线，分别代表了清水和 15% 硫酸盐溶液中试件的立方体试件。

对于无预压试件而言，清水和 15% 硫酸盐溶液中立方体抗压强度，浸泡前期的变化都不大。30d 时清水和 15% 溶液试件强度分别为 30.5 和 30.66MPa，与 0d 时 30.45MPa 相比增长微弱。说明浸泡前期，腐蚀试件和清水浸泡试件的抗压性能都较稳定。

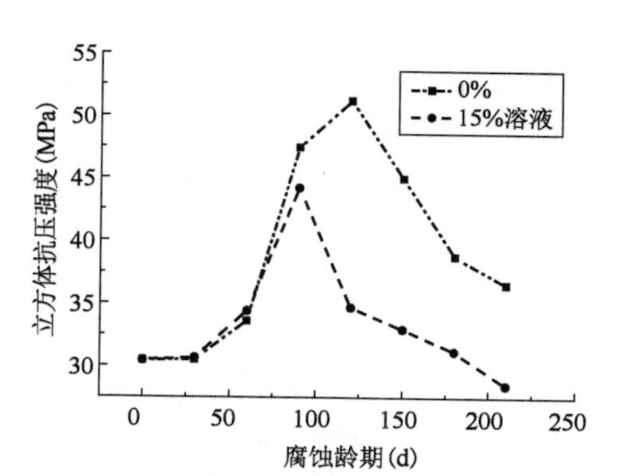

图 3-20 无预压试件立方体抗压强度随腐蚀龄期的变化

随着水分逐渐进入未水化水泥颗粒内部,水化产物不断增多,后期水化作用开始逐步显现。清水试件抗压强度的增长速率在 30d 后迅速上升,抗压强度在 120d 时达到峰值 51.22MPa,是 0d 时 30.45MPa 的 1.68 倍。相比之下,15% 硫酸盐溶液浸泡的试件,不仅峰值到来的更早,而且峰值大小也更低,90d 时立方体抗压强度 44.2MPa,为 0d 时的 1.45 倍。

随着未水化水泥颗粒基本水化完成,水的溶蚀和硫酸盐的腐蚀作用开始占主导。清水和 15% 溶液试件抗压强度分别在 120d 和 90d 开始下降,210d 时的抗压强度为 36.55 和 28.5MPa,分别比最大值时下降了 28.6% 和 35.5%。

图 3-21 是在标准养护后,用液压试验机对试件施加 14MPa 荷载,再放入清水和 15% 硫酸盐溶液中的立方体试件,其立方体抗压强度随腐蚀龄期的变化情况。

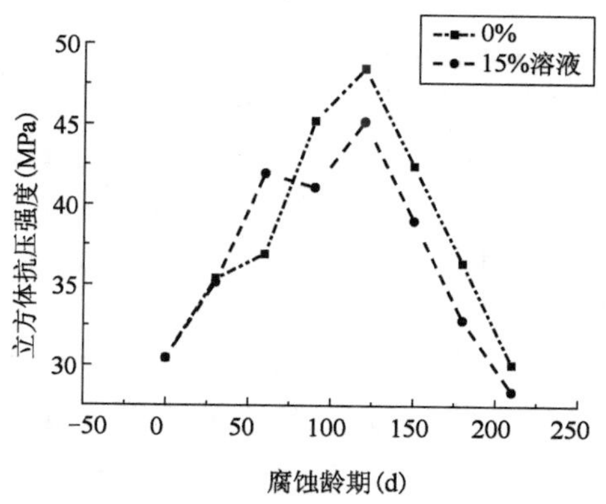

图 3-21 预压 14MPa 试件立方抗压强度随腐蚀龄期的变化

对于预压 14MPa 的试件而言，立方体抗压强度随浸泡龄期也都经历了一个先上升后下降的过程。清水浸泡试件抗压强度最大值仍然出现于 120d，但腐蚀试件抗压强度最大值较无预压时延后了 30d。14MPa 预压试件，在清水和 15% 溶液中抗压强度最大值分别为 48.49 和 45.22MPa，比无预压时的最大值分别低 5.6% 和高 2.2%。

浸泡前施加 14MPa 荷载，使试件内部形成了裂缝，为腐蚀溶液进入混凝土内部提供了额外的通道。腐蚀初期形成的石膏，一定程度上弥补了加载对混凝土性能降低的影响，但随着混凝土内部形成的石膏晶体增多，15% 溶液试件内部受到结晶应力性能产生剧烈下降。15% 溶液浸泡 210d 试件的抗压强度为 28.4MPa，比 120d 时降低了 37.2%。预损伤形成的裂隙也为溶蚀作用提供了通道，清水试件 210d 抗压强度 30.1MPa，比 120d 时降低了 37.9%。

图 3-22 是在加载 21MPa 后，再放入清水和 15% 硫酸盐溶液中的立方体试件，其立方体抗压强度随腐蚀龄期的变化情况。

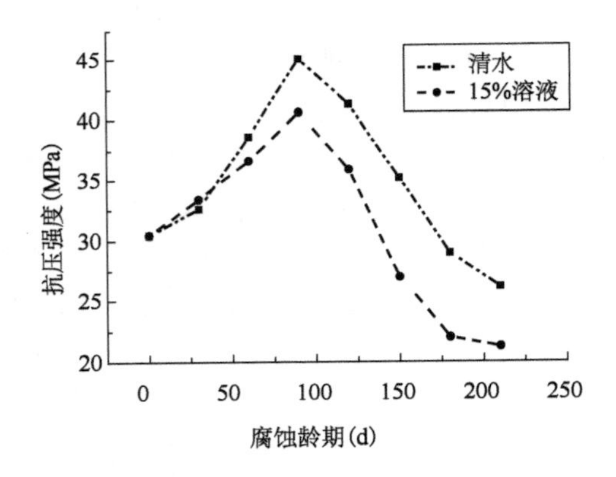

图 3-22　预压 21MPa 试件立方体抗压强度随腐蚀龄期的变化

经历了 21MPa 加载，再放入清水和 15% 溶液的立方体试件，其抗压强度最大值都出现在浸泡龄期 90d 时。峰值所处浸泡龄期，较预压 14MPa 试件提前了 30d。清水和 15% 溶液试件抗压强度最大值 45 和 40.6MPa，比预压 14MPa 试件小 7.2% 和 10.2%，比无预压试件小 12.1% 和 2.2%。

与无预压和预压 14MPa 试件一样，预压 21MPa 试件在达到最大值后也进入了下降通道，但其降低程度与降低速率都要更显著。210d 时，清水和 15% 溶液试件的抗压强度为 26.1MPa 和 21.25MPa，比相同腐蚀龄期无预压试件降低了 28.6% 和 25.4%，比预压 14MPa 降低了 13.3% 和 29.4%。

四、弹性模量的劣化规律

作为混凝土的重要力学性能指标之一，弹性模量反映了混凝土受到的应力与产生的应变之间的关系，是计算结构变形、裂缝开展和温度应力的重要参数。通过对三点弯曲试验 *P-CMOD* 在直线段的 3 个点进行平均，就能计算得到。

三点弯曲梁在不同腐蚀环境下的弹性模量，见表 3-9 和图 3-23。

不同腐蚀龄期时的弹性模量（GPa）　　表 3-9

浸泡龄期(d)	浸泡腐蚀		干湿循环	
	Z(0%)	B(9%)	C(15%)	G(15%)
0	26.76	—	—	—
60	33.295	29.984	32.974	20.67
90	32.768	28.772	29.729	18.911
120	31.807	28.287	27.849	16.075
150	30.383	27.652	26.877	14.99

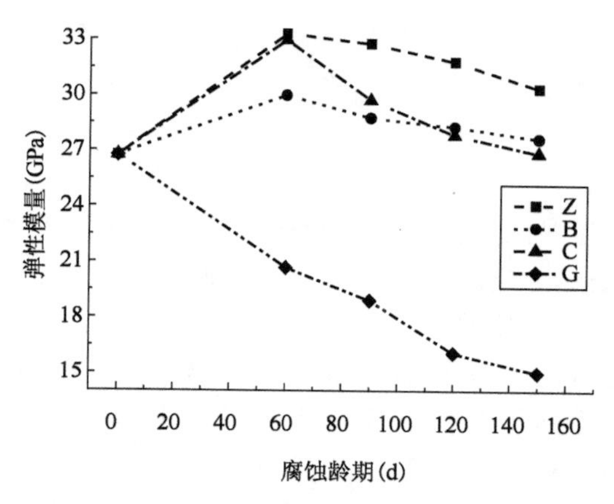

图 3-23　不同腐蚀龄期时的弹性模量

由图 3-23 可见，浸泡在清水、9% 和 15% 硫酸盐溶液中三点弯曲梁的弹性模量在前期都是增长的，并在 60d 时达到最大值后持续缓慢下降。而 15% 硫酸盐干湿循环腐蚀环境下试件的弹性模量，从 60d 时第一次试验就开始下降，并一直保持着强烈的下降趋势。这是因为干湿循环腐蚀环境的腐蚀速率远高于浸泡腐蚀，干湿循环试件在 60d 前就已经完成了先上升再下降的过程。并且，各龄期的腐蚀试件的弹性模量均低于同龄期在清水中浸泡的试件。

浸泡在 0%、9% 和 15% 硫酸盐溶液中的试件，60d 达到峰值时弹性模量分别为 33.295、29.984 和 32.974GPa，比浸泡前增大了 24.4%、12.0% 和 23.2%；150d 时，弹性模量分别为 30.383、27.652 和 26.877GPa，比峰值时降低了8.7%、7.8% 和 18.5%。而处于 15% 硫酸盐溶液干湿循环环境下的三点弯曲梁试件，其弹性模量直接进入下降段，150d 时弹性模量为 14.99GPa，为 0d 时的 56.0%。

试验时间范围内，清水和 15% 溶液中浸泡的试件，在达到弹性模量最大值前的上升幅度差不多，但是下降期中 15% 溶液中试件的下降速度明显快于清水。说明浸泡初期，膨胀性腐蚀产物对于混凝土内部空隙的填充，以及一些内部尚未水化水泥颗粒的继续水化作用之下，混凝土腐蚀初期性能是上升的。但长期来说，混凝土性能受硫酸盐腐蚀主导，腐蚀作用下其性能是逐渐降低的。

第四节　小结

与干湿循环加速腐蚀试验相比，浸泡腐蚀试验中除石膏结晶型硫酸盐腐蚀外，还有少量钙矾石结晶型腐蚀的存在。干湿循环加速腐蚀试验对井壁腐蚀的还原性更好，但浸泡腐蚀试验的还原性也尚可。

通过清水浸泡试件的物相组成及微观结构分析，清水浸泡 90d 后混凝土中水化物的数量明显得到了提升，致密性得到了增长，但 150d 时的物相组成和微观结构与 90d 时相比基本没有变化，长期来看硫酸盐腐蚀是决定井壁混凝土性能的最重要的因素。

腐蚀混凝土各项性能指标中，部分指标的变化规律一致，而部分指标间则存在些许差异。通过浸泡腐蚀试验可见，表层声速和失稳韧度随腐蚀龄期一直是下降的，而抗压强度和弹性模量随浸泡龄期都存在着一个先上升再下降的过程，且峰值都位于60～90d附近。

在浸泡腐蚀环境下，无预压试件的抗压强度无论是上升还是下降，都较有预压试件更为平缓。说明硫酸盐腐蚀在前期对有预损伤混凝土的性能是有利的，但当腐蚀作用显现后，混凝土的腐蚀损伤则更为严重。

CHAPTER 4

第四章

加速腐蚀试验与井壁腐蚀的时间关系

第一节 引言

采用加速腐蚀试验对腐蚀结构承载能力进行时间预测时,核心问题在于解决加速腐蚀试验的当量加速关系,以及加速腐蚀试验中腐蚀混凝土的性能劣化规律这两个问题。当量加速关系(Acceleration Corrosion Factor,简称"ACF",又称"加速腐蚀因子"或"加速比")是指材料在加速腐蚀试验中,某一腐蚀性能指标达到与现场环境相同时,现场腐蚀时间与加速腐蚀试验消耗时间之间的倍率关系。

现场获得的井壁腐蚀程度指标,主要有腐蚀深度与回弹强度。一般的腐蚀结构都是外面腐蚀严重,越往里面越轻,而回弹法仅能获得井壁表面强度,难以评价井壁的整体性能。与回弹强度相比,腐蚀深度对井壁腐蚀程度的代表性更好,但当前井壁的最大腐蚀深度已经有 100mm,如果要将试件腐蚀到相同厚度,不仅其尺寸会很大,而且严重腐蚀造成的试件表面坑洼,也会影响腐蚀深度的检测。张臣[2]、王向东[3]和郭红梅[4]等各自使用一阶灰色预测模型 GM(1,1),对不同环境下混凝土的长期性能参数进行了预测,结果与试验值十分接近。因此,在分析加速腐蚀试验的当量加速关系时,使用 GM(1,1)模型,建立了加速腐蚀试验中的腐蚀厚度、弹性模量和抗压强度的时间预测函数,使得尺寸较小腐蚀程度较轻的试件可以对现场腐蚀程度进行时间预测。

通过干湿循环试验腐蚀深度的时间函数与井壁腐蚀深度的对比,得到以腐蚀深度为指标的,干湿循环加速腐蚀试验的当量加速关系。通过浸泡和干湿循环试验弹性模量时间函数的相互对比,可以得到以弹性模量为指标的,15%溶液浸泡与干湿循环腐蚀之间的时间关系。假定这两个腐蚀指标的当量加速关系相同,那么就推算得到了15%溶液浸泡腐蚀的当量加速关系。

假设以抗压强度与弹性模量为指标的当量加速关系大小也相同,结合立方体试件在无预压、预压 14MPa 和 28MPa 后,15%溶液浸泡腐蚀试件轴心抗压强度的时间函数,就可以得到井壁这 3 个初始损伤水平下,腐蚀井壁轴心抗压强度与服役时间之间的函数。

第二节　干湿循环腐蚀与现场的时间关系

一、腐蚀深度长期值的时间函数

图 4-1、图 4-2 和图 4-3 分别为 9% 和 15% 硫酸盐溶液浸泡，以及 15% 硫酸盐溶液干湿循环腐蚀环境下，腐蚀了 150d 的三点弯曲梁试件外观图。可见，干湿循环了 150d 的三点弯曲梁中，3 个伴随试件中的两个已经因腐蚀而自然发生了断裂，试件表面遍布众多裂纹，棱角处剥落严重，内部集料露出，部分粉化严重，用手轻按即碎。与干湿循环试件相比，浸泡试件的腐蚀程度则轻微得多，在 9% 硫酸盐溶液中浸泡了 150d 的试件，其表面稍有坑洼不平，预制裂缝边界处尚完整，棱角处出现了有少量的剥落，但是未见集料露出。15% 溶液浸泡 150d 试件的腐蚀程度比 9% 稍严重，可见棱角处有少量剥落，部分集料露出。

图 4-1　9% 硫酸盐溶液浸泡腐蚀 150d 的三点弯曲梁

图 4-2　15% 硫酸盐溶液浸泡腐蚀 150d 的三点弯曲梁

图 4-3　15% 硫酸盐溶液干湿循环腐蚀 150d 的三点弯曲梁

在硫酸盐溶液干湿循环环境中，试件在每个周期内都经历了浸泡、晾干、烘干和冷却。晾干和烘干的过程使得孔隙中的硫酸盐迅速结晶析出，硫酸盐在混凝土内的结晶，使得混凝土膨胀开裂，为下一个周期硫酸根离子的再次渗入提供了条件。浸泡过程中，表层混凝土在毛细孔吸附力的作用下又吸附大量硫酸根离子。使得处于硫酸盐干湿循环环境下，腐蚀层厚度等指标的劣化速率远大于浸泡腐蚀，从而大大缩短了腐蚀试验的时间。

将超声数据处理后得到不同腐蚀龄期时，9% 和 15% 溶液浸泡，以及 15% 溶液干湿循环腐蚀环境下，三点弯曲梁试件的腐蚀层厚度，如图 4-4 所示。

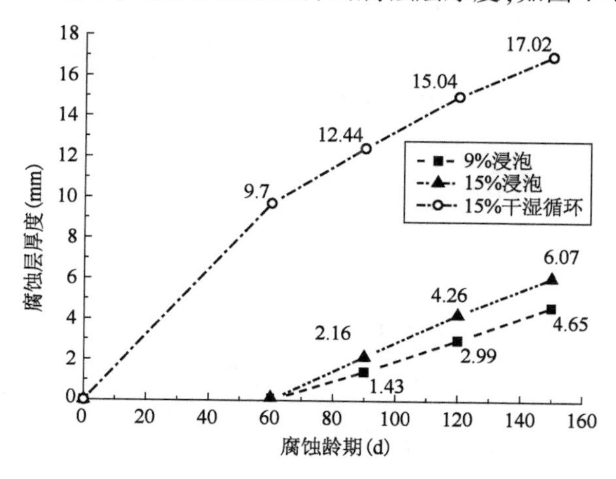

图 4-4　不同腐蚀龄期时的腐蚀层厚度

前述章节中对腐蚀过程中水化及腐蚀产物变化情况，以及各项指标随腐蚀龄期变化的分析结果表明，腐蚀混凝土的抗压强度和弹性模量等指标随腐蚀龄期都是先上升后下降的。浸泡腐蚀环境下的试件，由于腐蚀初期的性能处于上升期，60d 前都没有腐蚀层的存在。相同腐蚀龄期时，干湿循环试件的腐蚀层厚度要比9%和15%浸泡腐蚀试件显著得多,90d时干湿循环腐蚀的腐蚀层厚度为12.44mm,是相同腐蚀龄期下浸泡腐蚀试件的8.7和5.76倍。

9%和15%溶液浸泡试件,浸泡龄期90、120和150d时的腐蚀层厚度分别为1.43、2.99、4.65mm和2.16、4.2、6.07mm。试验时间范围内,浸泡腐蚀试件的腐蚀层厚度较小,不仅易受到仪器测量精度和人工读数等误差因素的影响,而且浸泡试件的非0样本量也少于干湿循环,数列规律性较难揭示。因此加速腐蚀试验的腐蚀深度预测模型,基于硫酸盐干湿循环加速腐蚀的试验数据进行。

GM(1,1)模型建立在等时距检测数据基础之上,只能对等时距的数据进行预测。当数列存在空穴时,一般可用空穴两边的数据求平均,构造出新的数据以填补空穴。腐蚀龄期30d时未进行试验,因此30d时的腐蚀层厚度使用0d和60d数据平均得到。

$t \geqslant 0$d时,腐蚀层厚度的初始数值序列为:

$$d_G(0)=(0,4.85,9.7,12.44,15.04,17.02)$$

对于原始数列做1-AGO得:

$$d_G(1)=(0.0000,4.8500,14.5500,26.9900,42.0300,59.0500)$$

对于$d_G(1)$,做紧邻均值生成:

$$Z(1)=(2.4250,9.7000,20.7700,34.5100,50.5400)$$

根据GM(1,1)模型计算出发展系数a、b:

$$a=-0.2346;b=6.2770$$

得出预测模型函数为:

$$d_G(\mathrm{t})=(1-\mathrm{e}^a)\left(E^0(1)-\frac{b}{a}\right)\mathrm{e}^{-at}=5.5952\mathrm{e}^{0.2346t/30} \tag{4-1}$$

根据上述公式模拟出$d_G(\mathrm{t})$值与试验值的残差以及相对误差见表4-1。

腐蚀层厚度时间函数的误差检验表 表4-1

腐蚀龄期(d)	腐蚀层厚度(mm)		残差 $d_{G实}-d_{G拟}$	相对误差残差 $d_{c实}$	平均相对误差
	$d_{G实}$	$d_{G拟}$			
30	4.85	7.0743	2.2243	45.87%	12.32%
60	9.7	8.9444	0.7556	7.78%	
90	12.44	11.3088	1.1312	9.08%	
120	15.04	14.2983	0.7417	4.92%	
150	17.02	18.078	1.058	6.24%	

30d 时的腐蚀深度由 0d 和 60d 数据做线性插值求得，并非试验数据，因此 30d 时的相对误差最大，达到了 45.87%。但之后的相对误差都保持在了比较低的水平，60、90、120 和 150d 时的相对误差分别为 7.78%、9.08%、4.92% 和 6.24%，平均相对误差 12.32%，精度尚可。

图 4-5 为腐蚀厚度预测曲线与实测值之间的对比图。

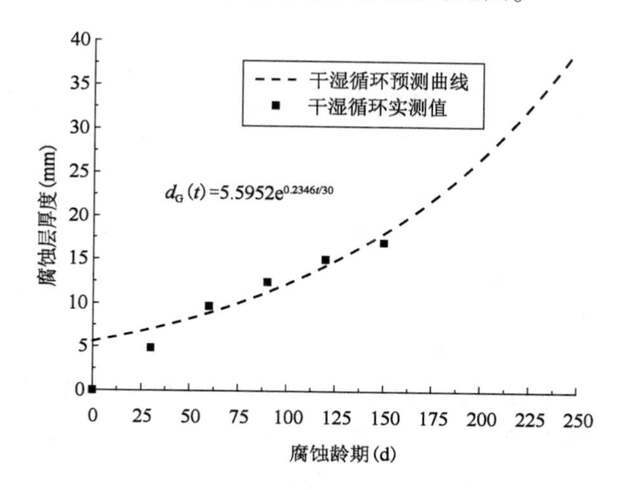

图 4-5 腐蚀层厚度预测曲线与实测值的对比(G)

二、干湿循环腐蚀试验的当量加速关系

由 15% 溶液干湿循环加速腐蚀试验，建立的腐蚀层厚度与腐蚀龄期间的函数为 $d_G(t)=5.5952e^{0.2346t/30}$。当腐蚀龄期较长，腐蚀层厚度较大时，腐蚀层厚度与腐蚀龄期间可视为线性。且部分文献也指出，虽然加速腐蚀试验与现场腐蚀环境之间不可能是完全线性的关系，但是在使用某些合理的加速腐蚀试验方法，并将其应用到工程的过程中，一般可以认为当量加速关系与时间是无关的[5]。

如果在达到相同腐蚀深度时，井壁服役时间(年)是 15% 溶液干湿循环加速腐蚀试验(d)的 k 倍，即：

$$T=kt \tag{4-2}$$

式中：T——井壁受腐蚀时间(a)；

t——加速试验腐蚀时间(d)。

那么,井壁腐蚀深度(mm)与服役时间(a)之间的关系为:

$$h(T)=5.5952\mathrm{e}^{0.2346\times(T/k)/30} \tag{4-3}$$

因此,15%溶液干湿循环加速腐蚀试验与井壁腐蚀的时间关系 k,可以通过下式计算得到:

$$k=\frac{0.2346T}{30}/\ln[h(T)/5.5952] \tag{4-4}$$

童亭煤矿副井于1989年底建成投产,截至2014年进行腐蚀情况调查时,井壁已服役25年,此时-346、-355.5、-359和-370m腐蚀段的腐蚀深度为50、100、65和80mm。将服役时间与腐蚀深度代入式(4-14)计算,可得在-346、-355.5、-359和-370m腐蚀段,15%溶液干湿循环加速腐蚀试验与井壁腐蚀的时间关系 k_{G1}、k_{G2}、k_{G3}和 k_{G4}分别为0.0893、0.0678、0.0797和0.0735a/d,当量加速关系分别为32.59、24.75、29.09和26.83。

加速腐蚀试验本质上属于一种可控的人工环境,干湿交替的间隔与时间、腐蚀介质的浓度等条件都是按照预设值进行。但现场腐蚀受到的影响因素复杂且多变,特别是随着腐蚀深度加深,渗水进入井壁内过程中的水头损失也会自然下降,渗水量有逐步增大的趋势,那么腐蚀类型由兼有物理和化学腐蚀的干湿交界面硫酸盐腐蚀,向纯化学腐蚀方向发展,腐蚀速率比预测值可能要低一些。但副井作为重要的输送人员、物料的通道,对于煤矿的重要性不言而喻,这种趋保守的预测也是必要和合理的。

第三节　浸泡腐蚀与现场的时间关系

一、弹性模量长期值的时间函数

基于灰色理论模型GM(1,1)建立混凝土弹性模量,试验值 E 为正序列:

$$E=(E_0,E_1,E_2,\cdots,E_n) \tag{4-5}$$

对 E_c作1-AGO序列生成:

$$E^{(1)}=(E_0^{(1)},E_1^{(1)},E_2^{(1)},\cdots,E_n^{(1)}) \tag{4-6}$$

其中，
$$E_0^{(1)}(t)=\sum_{i=1}^{t}E(t)\quad (t=0,1,\cdots,n)$$
对 $E_0{}^{(1)}$ 作紧邻均值序列生成：

$$z_0^{(1)}=(z_{(1)}^{(1)},z_{(2)}^{(1)},\cdots,z_{(n)}^{(1)}) \tag{4-7}$$

其中：

$$z^{(1)}(t)=\frac{1}{2}[E_0^{(1)}(t)+E_0^{(1)}(t-1)] \tag{4-8}$$

若 $\hat{a}=[a,b]^{\mathrm{T}}$ 为参数列且

$$Y=\begin{bmatrix}E_1\\E_2\\\cdots\\E_n\end{bmatrix},\quad Y=\begin{bmatrix}-z^{(1)}(1) & 1\\-z^{(1)}(2) & 1\\ \cdots & \\-z^{(1)}(n) & 1\end{bmatrix} \tag{4-9}$$

则 GM(1,1)模型 $E_{\mathrm{t}}+az^{(1)}(t)=b$ 的最小二乘估计参数列满足：

$$\hat{a}=(B^{\mathrm{T}}B)^{-1}B^{\mathrm{T}}Y \tag{4-10}$$

白化方程 $\dfrac{\mathrm{d}D^{(1)}}{\mathrm{d}t}+aD^{(1)}=b$ 的解时间响应函数：

$$E^{(1)}(t)=\left[E^{(1)}(0)-\frac{b}{a}\right]\mathrm{e}^{-at}+\frac{b}{a} \tag{4-11}$$

GM(1,1)模型 $E_{\mathrm{t}}+az^{(1)}(t)=b$ 的时间响应序列为：

$$\hat{E}^{(1)}(t)=\left[E^{(1)}(0)-\frac{b}{a}\right]\mathrm{e}^{-at}+\frac{b}{a}\quad (t=1,2,\cdots,n) \tag{4-12}$$

模型预测强度值为：

$$\hat{E}(t)=\hat{E}^{(1)}(t)-\hat{E}^{(1)}(t-1)=(1-\mathrm{e}^{a})(E_0-\frac{b}{a})\mathrm{e}^{-at}\quad (t=1,2,\cdots,n) \tag{4-13}$$

9%溶液中，浸泡龄期 0、60、90、120 和 150d 时弹性模量分别为 26.76、

29.984、28.772、28.287 和 27.652GPa。15%硫酸盐溶液中，浸泡龄期 0、60、90、120 和 150d 时弹性模量分别为 26.76、32.974、29.729、27.849 和 26.877GPa。15%干湿循环中，浸泡龄期 0、60、90、120 和 150d 时弹性模量分别为 26.76、20.67、18.911、16.075 和 14.99GPa。可见 9%、15%浸泡和 15%干湿循环中，分别于 60、60 和 0d 时开始单调下降。

已发生腐蚀的井壁，其性能必然已进入下降段。建立试验弹性模量的时间函数，只用下降段的数据即可。15%溶液干湿循环试件数据在 30d 时的空穴，用 0d 和 60d 数据平均构成。

不同加速腐蚀环境下三点弯曲梁试件弹性模量预测模型的建模过程如下：

(1)浸泡腐蚀

9%溶液中，三点弯曲梁试件在 $t \geqslant 60$d 时，初始弹性模量数值序列为：

$$E_B(0) = (29.984, 28.772, 28.287, 27.65)$$

对于原始数列做 1-AGO 得：

$$E_B(1) = (29.984, 58.756, 87.043, 114.695)$$

对于 $E_B(1)$，做紧邻均值生成：

$$Z(1) = (44.370, 72.900, 100.869)$$

根据 GM(1,1)模型计算出发展系数 a、b：

$$a = 0.0020; b = 29.678$$

得出预测模型函数为：

$$E_B(t) = (1 - e^a)\left[E^0(1) - \frac{b}{a}\right]e^{-at} = 29.374e^{-0.02(t-60)/30} \quad (t \geqslant 60) \tag{4-14}$$

15%溶液中，$t \geqslant 60$d 时，初始弹性模量数值序列为：

$$E_C(0) = (32.974, 29.729, 27.849, 26.877)$$

对于原始数列做 1-AGO 得：

$$E_C(1) = (32.974, 62.703, 90.552, 117.429)$$

对于 $E_C(1)$，做紧邻均值生成：

$$Z(1) = (47.839, 76.628, 103.991)$$

根据 GM(1,1)模型计算出发展系数 a、b：

$$a = 0.051; b = 32.029$$

得出预测模型函数为：

$$E_C(t) = (1 - e^a)\left[E^0(1) - \frac{b}{a}\right]e^{-at} = 31.136e^{-0.051(t-60)/30} \quad (t \geqslant 60) \tag{4-15}$$

根据上述公式模拟出 $E_B(t)$ 和 $E_C(t)$ 的值与试验值的残差以及相对误差，见表 4-2 和表 4-3。

弹性模量时间函数的误差检验表(9%溶液浸泡) 表 4-2

腐蚀龄期(d)	弹性模量(GPa)		残差 $E_{B实}-E_{B拟}$	相对误差残差 $E_{B实}$	平均相对误差
	$E_{B实}$	$E_{B拟}$			
90	28.772	28.797	-0.025	0.09%	0.12%
120	28.286	28.232	0.054	0.19%	
150	27.652	27.678	-0.026	0.09%	

弹性模量时间函数的误差检验表(15%溶液浸泡) 表 4-3

腐蚀龄期(d)	弹性模量(GPa)		残差 $E_{C实}-E_{C拟}$	相对误差残差 $E_{C实}$	平均相对误差
	$E_{C实}$	$E_{C拟}$			
90	29.729	29.59	1.861	0.47%	0.67%
120	27.849	28.122	0.273	0.98%	
150	26.877	26.726	0.151	0.56%	

(2)硫酸盐干湿循环加速腐蚀

在 $t \geqslant 0$d 时，初始弹性模量数值序列为：

$$E_G(0)=(26.76,23.715,20.67,18.911,16.075,14.99)$$

对于原始数列做 1-AGO 得：

$$E_G(1)=(26.76,23.715,20.67,18.911,16.075,14.99)$$

对于 $E_G(1)$，做紧邻均值生成：

$$Z(1)=(38.618,60.810,80.601,98.094,113.626)$$

根据 GM(1,1)模型计算出发展系数 a 和 b：

$$a=0.118;b=28.118$$

得出预测模型函数为：

$$E_G(t)=(1-e^{a})\left[E^0(1)-\frac{b}{a}\right]e^{-at}=28.118e^{-0.118t/30}\quad(t\geqslant 0) \tag{4-16}$$

根据上述公式模拟出 $E_G(t)$ 的值与试验值的残差，以及相对误差见表 4-4。图 4-6 为浸泡腐蚀试件试验值与时间函数的对比。

误差检验表 表4-4

腐蚀龄期(d)	弹性模量(GPa)		残差	相对误差残差	平均相对误差
	$E_{实}$	$E_{拟}$	$E_{实}-E_{拟}$	$E_{实}$	
30	23.715	23.544	0.171	0.72%	1.69%
60	20.67	20.923	-0.253	1.22%	
90	18.911	18.594	0.317	1.68%	
120	16.075	16.524	-0.449	2.79%	
150	14.99	14.685	0.305	2.03%	

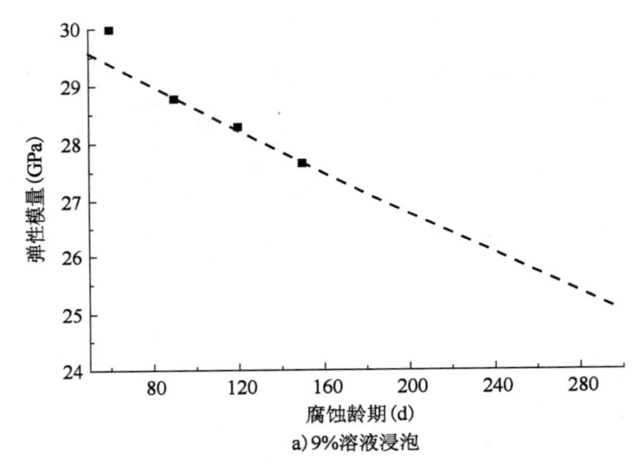

a) 9%溶液浸泡

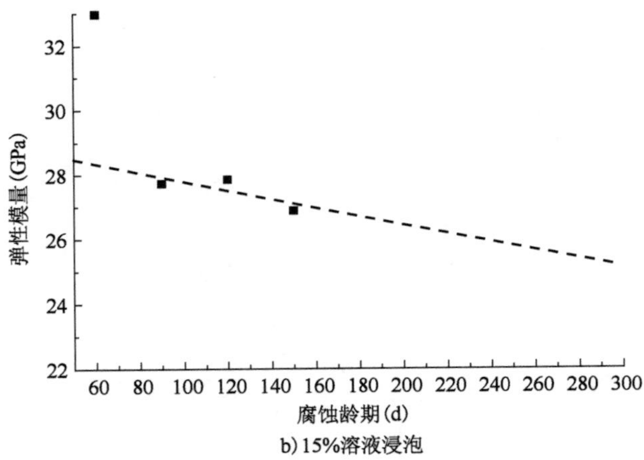

b) 15%溶液浸泡

图4-6 浸泡腐蚀试件试验值与时间函数的对比

图 4-7 为 15% 干湿循环腐蚀试件试验值与时间函数的对比,图 4-8 为不同腐蚀环境下混凝土弹性模量的时间函数。

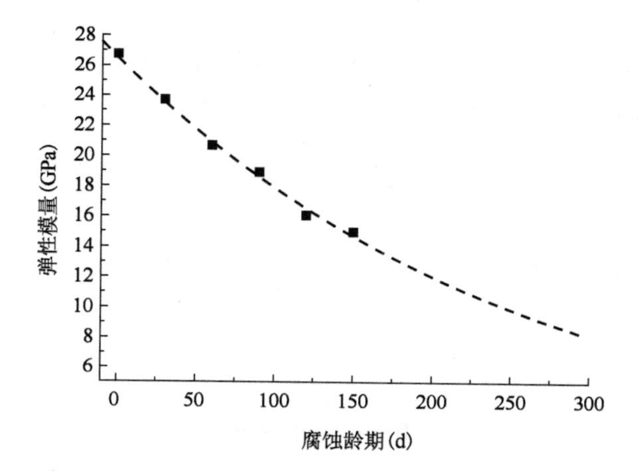

图 4-7 15% 干湿循环腐蚀试件试验值与时间函数的对比

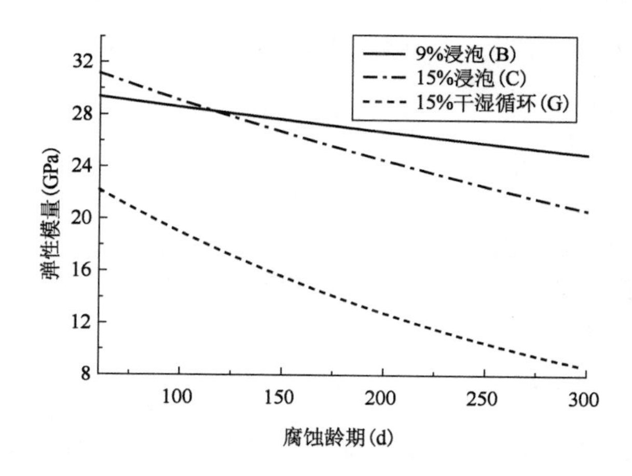

图 4-8 不同腐蚀环境下混凝土弹性模量的时间函数

由图 4-8 可见,腐蚀龄期在 60 ~ 250d 之间时,9% 和 15% 硫酸盐溶液浸泡加速腐蚀试件的腐蚀动力学特征基本接近线性,而 15% 溶液干湿循环腐蚀动力学的对数关系更明显些。溶液浓度从 9% 提高到 15%,以及腐蚀环境由浸泡变为干湿循环,都极大促进腐蚀进程。

二、浸泡腐蚀试验的当量加速关系

三点弯曲梁试件,在9%、15%溶液浸泡腐蚀和15%溶液干湿循环腐蚀环境下,弹性模量的时间函数见式(4-17)。

$$\begin{cases} E_{B}(t)=(1-e^{a})\left[E^{0}(1)-\dfrac{b}{a}\right]e^{-at}=29.374e^{-0.02(t-60)/30} \\ E_{C}(t)=(1-e^{a})\left[E^{0}(1)-\dfrac{b}{a}\right]e^{-at}=31.136e^{-0.051(t-60)/30} \\ E_{G}(t)=(1-e^{a})\left[E^{0}(1)-\dfrac{b}{a}\right]e^{-at}=28.118e^{-0.118t/30} \end{cases} \tag{4-17}$$

如果降低到相同弹性模量时,9%浸泡腐蚀的试验时间是15%干湿循环的k_1倍,即$t_B=k_1t_G$,那么有下式:

$$29.374e^{-0.02(k_1t-60)/30}=28.118e^{-0.118t/30}\quad(t\geqslant 60) \tag{4-18}$$

经计算,可得到9%浸泡与15%干湿循环的时间关系k_1为:

$$k_1=5.9+\frac{120.5}{t} \tag{4-19}$$

250、500和1000d时,时间关系系数k_2分别为6.38、6.14和6.02,保守起见,时间关系k_1取5.9,也就是说15%干湿循环是9%浸泡腐蚀速率的5.9倍。

如果降低到相同弹性模量时,15%浸泡腐蚀的试验时间是15%干湿循环的k_2倍,即$t_B=k_2\mathrm{t}_G$,那么有下式:

$$31.136e^{-0.051(k_2t-60)/30}=28.118e^{-0.118t/30} \tag{4-20}$$

经计算得到15%溶液干湿循环与15%溶液浸泡腐蚀之间的时间关系:

$$k_2=2.31+\frac{99.18}{t} \tag{4-21}$$

干湿循环环境下试件的腐蚀速率明显高于浸泡腐蚀,并且干湿循环对腐蚀速率的提升在前期的作用更明显,60d时干湿循环已经是相同浓度浸泡腐蚀速率的3.96倍。250、500和1000d时,时间关系系数k_2分别为2.71、2.51和2.41,保守起见,时间关系k_2取2.31。

不同腐蚀龄期时,9%和15%溶液浸泡腐蚀与15%溶液干湿循环腐蚀之间

的时间关系 k_1 和 k_2 如图 4-9 所示。可见，长期看来，腐蚀试验之间腐蚀速率的倍率关系是趋于稳定的。

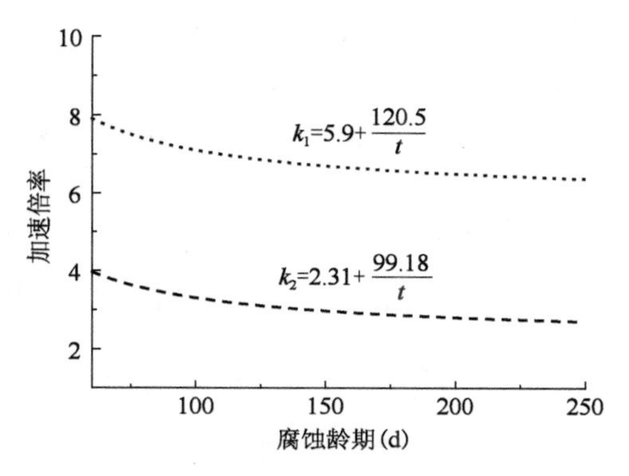

图 4-9　时间关系 k_1 和 k_2 与腐蚀龄期的关系

以腐蚀深度为指标，-346、-355.5、-359 和 -370m 腐蚀段，15%溶液干湿循环腐蚀试验与井壁腐蚀的时间关系 k_{G1}、k_{G2}、k_{G3} 和 k_{G4} 分别为 0.0893、0.0678、0.0797 和 0.0735a/d，当量加速关系分别为 32.59、24.75、29.09 和 26.83。

假设以腐蚀深度和弹性模量为指标的当量加速关系大小相同，由于 15%溶液干湿循环与浸泡腐蚀的时间关系 k_2 为 2.31，那么在 -346、-355.5、-359 和 -370m 腐蚀段，15%溶液浸泡腐蚀与井壁腐蚀的时间关系 k_{C1}、k_{C2}、k_{C3} 和 k_{C4} 分别为 0.0357、0.0271、0.0319 和 0.0294a/d，当量加速关系分别为 13.03、9.89、11.64 和 10.73。

三、井壁腐蚀段轴心抗压强度的时间函数

腐蚀机理上，15%溶液浸泡腐蚀试验中产生的钙矾石量少于 9%溶液浸泡腐蚀。腐蚀速率上，15%溶液浸泡腐蚀的腐蚀速率是 9%浸泡的 5.9 倍。因此，15%溶液浸泡比 9%浸泡腐蚀试验的适用性更好，采用 15%溶液浸泡作为预测井壁腐蚀段抗压强度的加速腐蚀环境是合适的。

前述研究结果表明，浸泡腐蚀试验过程中，腐蚀混凝土抗压强度与弹性模量的劣化规律之间有类似规律。如果假定以弹性模量和抗压强度建立的腐蚀速率相对关系是一致的，那么对于抗压强度而言，15%溶液浸泡腐蚀试验与井壁腐蚀的时间关系也可认为是 0.0357、0.0271、0.0319 和 0.0294a/d。

无论采用何种模型对腐蚀混凝土长期性能进行预测，如果数列的规律性越强，其预测效果也就越可靠。通过对井壁混凝土性能随腐蚀龄期发展规律的分析可见，腐蚀损伤指标都经历了一个先上升，在达到顶点后下降的过程。如果对一个已经腐蚀的井壁分析其剩余寿命，那么首先这个井壁本身的性能已经进入下降期。因此，对于抗压强度数据的分析可以从下降段开始。

预压 0、14 和 21MPa 后浸泡在 15% 硫酸盐溶液中的立方体试件，其立方体抗压强度在下降段的数组分别如下：

$$f_{cu0}(0)=(44.20,34.70,32.95,31.20,28.25) \tag{4-22}$$

$$f_{cu14}(0)=(45.20,39.03,32.85,28.40) \tag{4-23}$$

$$f_{cu21}(0)=(40.60,35.85,26.93,22.00,21.25) \tag{4-24}$$

一般来说，轴心抗压强度与立方体抗压强度的关系为 $f_c=0.7f_{cu}$，那么轴心抗压强度有以下的初始序列：

$$f_{c0}(0)=(30.94,24.29,23.065,21.84,19.775) \tag{4-25}$$

$$f_{c14}(0)=(31.64,27.321,22.995,19.88) \tag{4-26}$$

$$f_{c21}(0)=(28.42,25.095,18.851,15.4,14.875) \tag{4-27}$$

按照灰色 GM(1,1) 模型的计算方法，腐蚀混凝土轴心抗压强度的时间函数，可见式(4-28)～式(4-30)，式中 t 的单位为 d，轴心抗压强度的单位为 MPa。

$$f_0=26.145e^{-0.066(t_c/30-3)} \quad (t\geqslant 90) \tag{4-28}$$

$$f_{14}=31.898e^{-0.160(t_c/30-4)} \quad (t\geqslant 120) \tag{4-29}$$

$$f_{21}=29.351e^{-0.194(t_c/30-3)} \quad (t\geqslant 90) \tag{4-30}$$

轴心抗压强度时间函数与试验值之间的对比见图 4-10。

由图 4-10 可见，轴心抗压强度时间函数与试验值间的拟合效果较好，平均相对误差 1.190%、0.656% 和 6.342%。

立方体试块是全面浸入硫酸盐溶液中的，在单轴抗压强度试验中，垂直于加载面的 4 个侧面都与腐蚀性水接触。但实际井壁只有在内外两侧直接与腐蚀性水接触，用立方体试块抗压强度的时间函数推测井壁混凝土抗压强度时，腐蚀速率在此基础上要降低一半，见式(4-31)。

$$T=2k_ct_c \tag{4-31}$$

式中：T——井壁在腐蚀环境下的服役时间(a)；

t_c——15%溶液浸泡腐蚀试验的浸泡龄期(d)；

k_c——15%溶液浸泡腐蚀与井壁腐蚀的时间关系(a/d)。

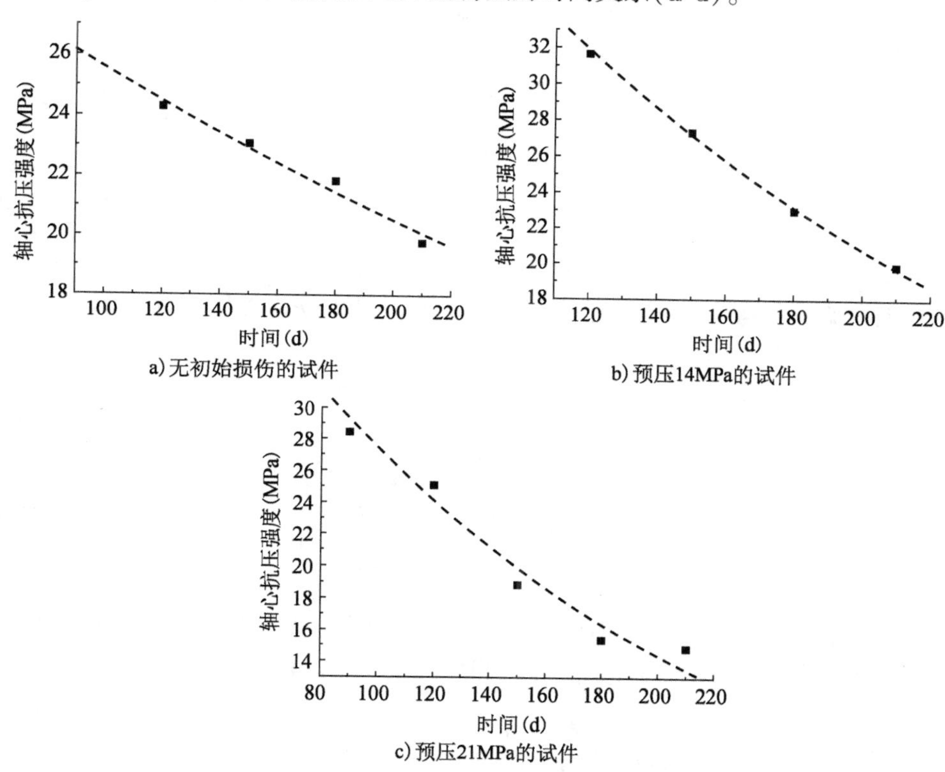

图4-10 轴心抗压强度时间函数与试验值的对比

本节计算结果表明，15%溶液浸泡腐蚀与－346、－355.5、－359和－370m腐蚀段的时间关系 k_{C1}、k_{C2}、k_{C3} 和 k_{C4} 分别为0.0357、0.0271、0.0319和0.0294a/d。带入式(4-22)进行计算后，得到没有初始加压损伤时，－346、－355.5、－359和－370m深度井壁轴心抗压强度(MPa)的时间函数为：

$$f_{1S0} = 26.145e^{-0.066(0.467T-3)} \tag{4-32}$$

$$f_{2S0} = 26.145e^{-0.066(0.615T-3)} \tag{4-33}$$

$$f_{3S0} = 26.145e^{-0.066(0.522T-3)} \tag{4-34}$$

$$f_{4S0} = 26.145e^{-0.066(0.567T-3)} \tag{4-35}$$

如果井壁在施工期,经历了相当于 14MPa 的初始损伤,那么代入式(4-23)进行计算后, -346、-355.5、-359 和 -370m 腐蚀段轴心抗压强度的时间函数为:

$$f_{1S14} = 31.898e^{-0.16(0.467T-4)} \tag{4-36}$$

$$f_{2S14} = 31.898e^{-0.16(0.615T-4)} \tag{4-37}$$

$$f_{3\ S14} = 31.898e^{-0.16(0.522T-4)} \tag{4-38}$$

$$f_{4S21} = 29.351e^{-0.194(0.567T-3)} \tag{4-39}$$

如果井壁在施工期,经历了相当于 21MPa 的初始损伤,那么代入式(4-24)进行计算后, -346、-355.5、-359 和 -370m 腐蚀段轴心抗压强度的时间函数为:

$$f_{1S21} = 29.351e^{-0.194(0.467T-3)} \tag{4-40}$$

$$f_{2S21} = 29.351e^{-0.194(0.615T-3)} \tag{4-41}$$

$$f_{3S21} = 29.351e^{-0.194(0.522T-3)} \tag{4-42}$$

$$f_{4S21} = 29.351e^{-0.194(0.567T-3)} \tag{4-43}$$

将 4 个井壁腐蚀段,不同初始损伤时轴心抗压强度的时间函数进行绘制后,如图 4-11 所示。图中,自上而下分别是 -346、-359、-370 和 -355.5m 腐蚀段。

2014 年进行腐蚀情况调查时,其服役时间为 25 年,此时 -346、-355.5、-359 和 -370m腐蚀段的轴心抗压强度分别为 14.75、11.55、13.47 和12.50MPa。如果在施工期经历了相当于 14MPa 的初始损伤,那么 4 个腐蚀段的轴心抗压强度分别降低至 7.96、4.4、6.39 和 5.34MPa,比没有初始损伤的井壁强度减少了 46%。若施工期井壁经历了相当于 21MPa 的初始损伤,轴心抗压强度分别仅剩 5.45、2.66、4.18 和 3.36MPa,比无初始损伤的井壁减少了 63%。

当井壁的服役时间是 35 年,也就是 2024 年时, -346、-355.5、-359 和 -370m腐蚀段的轴心抗压强度分别为 10.84、7.70、9.54 和 8.6MPa,比 25 年时降低了 27%;如果初始损伤相当于 14MPa,那么此时的轴心抗压强度分别为 3.77、1.65、2.77和 2.15MPa,比相同服役时间没有预加压损伤的井壁强度下降了 50%。而初始损伤 21MPa 的井壁,在服役 30 年时的轴心抗压强度降低至 3.47、1.47、2.52和 1.94MPa。

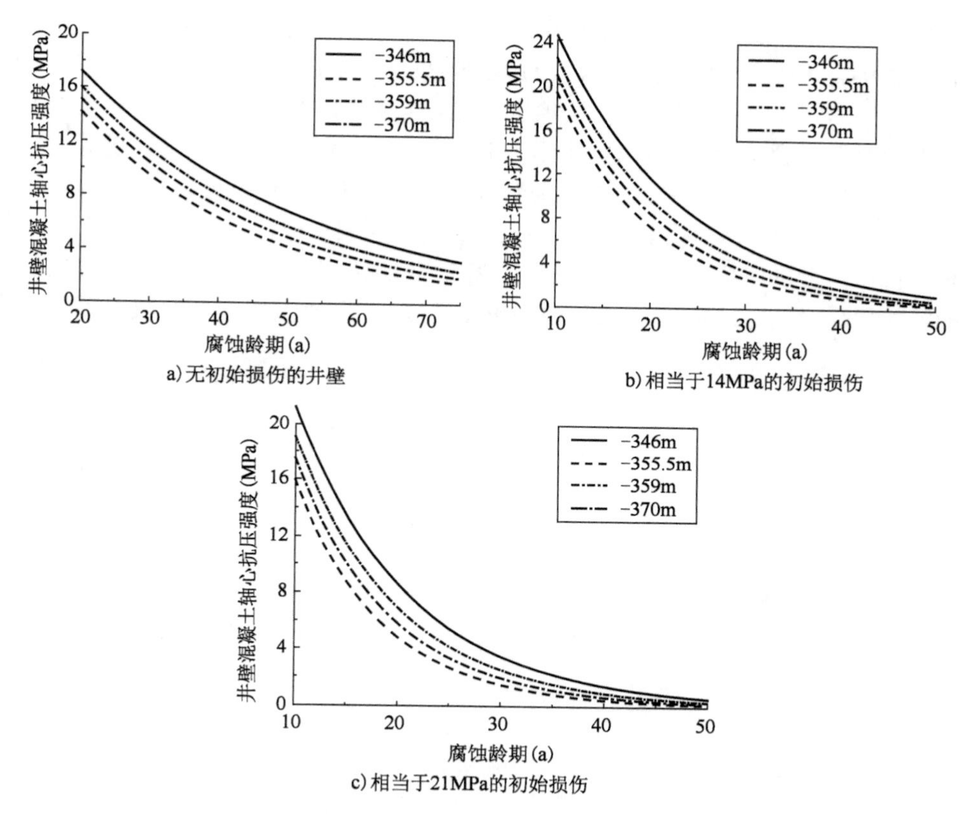

图 4-11　不同预压时井壁混凝土轴心抗压强度的时间函数

第四节　小结

本章使用 GM(1,1) 模型，建立了 15% 溶液干湿循环加速腐蚀试验腐蚀层厚度的时间函数。通过与现场腐蚀深度的对比，得到了在 -346、-355.5、-359 和 -370m 腐蚀段，15% 干湿循环腐蚀试验与 -346、-355.5、-359 和 -370m 腐蚀段的时间关系 k_{G1}、k_{G2}、k_{G3} 和 k_{G4} 为 0.0893、0.0678、0.0797 和 0.0735a/d，当量加速关系为 32.59、24.75、29.09 和 26.83。假设以腐蚀深度和弹性模量为指标的当量加速关系是相等的，那么 15% 溶液浸泡腐蚀试验与 -346、-355.5、

-359和-370m腐蚀段的时间关系k_{C1}、k_{C2}、k_{C3}和k_{C4}为0.0357、0.0271、0.0319和0.0294a/d，当量加速关系为13.03、9.89、11.64和10.73。

使用GM(1,1)模型建立了无预压、预压14和21MPa立方体试件轴心抗压强度的时间函数后，在假设以抗压强度和弹性模量为指标的当量加速关系大小相同的基础上，结合浸泡腐蚀与现场腐蚀的时间关系，得到了无损伤，以及有相当于14和21MPa预损伤井壁在-346、-355.5、-359和-370m腐蚀段的井壁轴心抗压强度的时间函数。分析表明，若童亭煤矿副井有相当于14或21MPa的初始损伤，服役25年时腐蚀段轴心抗压强度，分别比无损伤井壁减少了46%和63%。

CHAPTER 5

第五章

腐蚀井壁的结构可靠性评价

第一节 引言

立井井筒作为矿井通达地面的主要通道，是煤矿生产期间提升煤炭（或矸石）、升降人员、运送材料设备以及通风和排水的关键工程。以往的井壁设计方法中，未将盐类腐蚀作为井筒设计的考虑因素，因此普遍缺乏对盐类腐蚀，特别是硫酸盐腐蚀的抵抗能力。

如果对这些井壁都进行加固，不仅耗资巨大，而且会影响煤矿的正常生产，有必要建立一种评价腐蚀井壁结构可靠度及剩余寿命的方法。如果井壁的结构可靠度尚有富裕，剩余寿命大于煤矿可开采时间，那么日常检修时注意即可，没有必要进行加固。而如果井壁的剩余寿命已经所剩不多，则应当尽早安排加固施工，预防安全事故的发生。

本章中，对服役结构可靠性的特点进行分析后，建立了童亭煤矿副井基岩段井壁结构可靠度指标时间函数的一般公式。

第二节 服役结构可靠性的特点及计算方法

无论是设计中的还是已经存在的结构，其目标都是要确保抗力始终大于荷载效应。对于一个结构的安全性评价，一般可以采用抗力和荷载效应之间的相对关系来表示。比如采用均值表达的单一平均安全系统，其安全系数可按下式进行表达：

$$K = \frac{\text{平均结构抗力}}{\text{平均荷载效应}} = \frac{m_R}{m_S} \tag{5-1}$$

但实际上，抗力、荷载效应以及计算模式总存在一定的随机性，靠工程经验的方法进行安全系数的取值，将会不可避免地产生偏差。为了克服安全系数的弊端，将结构的不确定因素纳入结构安全性评价之中，人们提出了可靠度的概念，并把抗力 R 小于荷载效应 S 的概率，称为失效概率。

一、服役结构可靠性的特点

正在服役的井壁是已经建成,并已经投入使用的构筑物,其材料、结构尺寸等是明确且可测的。服役结构已经成功的经受了若干年的使用荷载作用,人们此时更关心的是在既有的工作条件及环境下,再过若干年后结构是否依然可靠,因此服役结构的可靠性必然是与服役时间相关。服役井壁的结构可靠性与井壁设计时的可靠性有着以下的区别:

(1)规定的时间不同。可靠性设计中的规定时间是考虑了变量与时间关系所取用的“设计基准期”(一般是50年),是固定不变的。而对服役结构而言,时间是后续使用时间,后续使用时间与使用环境等相关,当条件发生变化时,后续使用时间也会发生变化。

(2)规定的条件不一样。设计结构的可靠性定义为,在正常的设计、施工及运营条件下,在规定的时间内完成规定功能的能力。而对服役结构而言,由于设计和施工已经完成,可靠度关注的是在使用过程中结构可能发生的变化。

(3)预定的功能不同。一般来说服役结构的预定功能与设计时一致,但也会有不一样的情况。比如当构造物用途发生变化,其预定功能也会发生改变。

二、结构可靠性的计算方法

若影响结构可靠性的因素有 n 个,分别是 $X_1(t)$, $X_2(t)$,…, $X_n(t)$,那么结构的功能函数就可以用下式进行描述。

$$Z = g(X_1(t), X_2(t), \cdots, X_n(t)) \tag{5-2}$$

对于服役井壁而言,服役期内受到碳化、溶蚀和盐类腐蚀等因素作用,结构的抗力必然是服役时间的函数。而当井壁所处地质条件发生变化,或者井壁自身的性能发生变化,也有可能使结构上作用的应力成为服役时间的函数。

如果功能函数仅与结构抗力和结构承受的荷载相关,功能函数就可以被表示为:

$$Z(t) = R(t) - S(t) \tag{5-3}$$

式中:$Z(t)$——井壁服役时间 t 时的功能函数;

$R(t)$——井壁服役时间 t 时的结构抗力;

$S(t)$——井壁服役时间 t 时的结构荷载;

t——井壁服役时间。

显然,判断结构是否可靠,主要取决于结构所处的状态。当整个结构或者结构的某个构件超过规定的某一特定状态时,就不满足设计规定的特定功能要求,这个特定状态就被称为该功能的极限状态。当达到极限状态的概率超过允许的限值时,就不可靠了。

当

$$Z = g(X_1(t), X_2(t), \cdots, X_n(t)) = 0 \tag{5-4}$$

可称结构达到了极限平衡状态,当 Z 大于 0 时,结构是可靠的;当 Z 小于 0 时,结构是失效的。

第三节　井壁结构可靠度的功能函数

一、井壁抗力标准值的公式推导

当井筒的侧压力和尺寸已知,基于弹性力学中解决空间轴对称问题的方法,通过将井壁看作厚壁圆环,可以求解得到井壁内任意一点的应力。当井壁内径 R_1、外径 R_2、侧向压力大小为 P,水平截面上的应力边界条件见式(5-5)和式(5-6)。

$$\tau_r \big|_{r=R_1} = 0, \sigma_r \big|_{r=R_1} = 0 \tag{5-5}$$

$$\tau_r \big|_{r=R_2} = 0, \sigma_r \big|_{r=R_2} = P \tag{5-6}$$

式中:r——任意点到井壁中心点的半径。

应用拉梅公式,可求解得到井壁截面上任意点的径向应力 σ_r 和环向应力 σ_θ,见式(5-7)和式(5-8)。

$$\sigma_r = \frac{R_2^2 P}{R_2^2 - R_1^2}\left(1 - \frac{R_1^2}{r^2}\right) \tag{5-7}$$

$$\sigma_\theta = \frac{R_2^2 P}{R_2^2 - R_1^2}\left(1 + \frac{R_1^2}{r^2}\right) \tag{5-8}$$

那么,当 $r = R_1$ 时:

$$\begin{cases} \sigma_r = P \\ \sigma_\theta = \dfrac{R_2^2 + R_1^2}{R_2^2 - R_1^2} P \end{cases} \tag{5-9}$$

当 $r=R_2$ 时：

$$\begin{cases}\sigma_r=0\\ \sigma_\theta=\dfrac{2R_2^2}{R_2^2-R_1^2}P\end{cases} \tag{5-10}$$

可见，$\sigma_\theta \ll \sigma_r$。童亭煤矿副井基岩段的净径为 6.5m，壁厚为 0.45m，那么环向应力 σ_θ 的范围为：

$$\left[\frac{3.7^2+3.25^2}{3.7^2-3.25^2}\times q,\frac{2\times 3.7^2}{3.7^2-3.25^2}\times q\right]$$

即井壁内任意一点的切向应力，是作用在井壁外侧的径向应力的 7.75 ~ 8.75倍。如果将环向截面上的应力看作均匀分布，可以使用式(5-12)进行替代，替代后 $\sigma_\theta=8.22P$。

$$\sigma_\theta=\frac{P}{\lambda} \tag{5-11}$$

式中：λ——井壁厚度与井壁外径之比，取 0.1216；

P——井壁侧向压力。

根据轴对称受力特点，即 $\dfrac{\mathrm{d}\sigma_r}{\mathrm{d}r}+\dfrac{\sigma_r-\sigma_\theta}{r}=0$，有下式：

$$\sigma_r=\left(1-\frac{R_1}{r}\right)\sigma_\theta \tag{5-12}$$

井壁内侧处于两向受力，外侧处于三向受力状态，这种受力状态有助于提高混凝土的承载能力。根据经验公式，井壁混凝土内部的强度条件可表示为[6]：

$$\sigma_\theta-K\sigma_r=f_c \tag{5-13}$$

式中：f_c——混凝土轴心抗压强度(MPa)；

K——混凝土强化系数，可使用经验公式 $K=0.8896\lambda^{-1.2708}f_c^{\ 0.2639}$ 进行计算，也可以从 2.2 ~ 3.0 进行选择。

将式(5-12)代入式(5-13)，那么有：

$$\sigma_r=\frac{\left(1-\dfrac{R_1}{r}\right)f_c}{1-\left(1-\dfrac{R_1}{r}\right)K} \tag{5-14}$$

在极限状态下，有 $\sigma_r|_{r=R_2}=P$，抗力可以用下式计算：

$$P=\frac{\lambda f_c}{1-\lambda K} \tag{5-15}$$

二、抗力和荷载的统计分析

童亭煤矿副井基岩段井壁由素混凝土组成，对于材料单一的结构构件，抗力 R 可表示为：

$$R = R_K \times K_M \times K_A \times K_P \tag{5-16}$$

式中：R_K——结构抗力标准值；

K_M——材料性能不定性的随机变量；

K_A——几何特征不定性的随机变量；

K_P——计算模式不定性的随机变量。

孙林柱教授[7]对淮北、淮南、大屯及兖州等矿区井壁施工情况调查的过程中，对部分井壁进行了强度实测，并按照《建筑结构设计统一标准》(GBJ 68—1984)中的计算方法，对井壁材料和几何参数不定性的统计参数进行了分析，见表5-1和表5-2。

井壁混凝土材料的不定性 表5-1

井壁	系数	混凝土强度等级				
		C18	C23	C28	C33	C38
内层井壁	μ	0.9267	0.9267	0.9267	0.9267	0.9267
	δ	0.3346	0.4123	0.3406	0.3353	0.3098
外层井壁	μ	0.8741	0.8741	0.8741	0.8741	0.8741
	δ	0.5187	0.431	0.398	0.3759	0.3356

井壁几何参数不定性 表5-2

内层井壁				外层井壁			
内半径		壁厚		内半径		壁厚	
μ	δ	μ	δ	μ	δ	μ	δ
1.0045	0.0225	1.0381	0.0903	0.9995	0.0176	1.1006	0.1419

若假定材料性能 K_M、几何特征 K_A 和计算模式 K_P 之间相互独立，并且其统计参数 μ 和 δ 不随混凝土的腐蚀劣化而变化。取材料不定性 μ 和 δ 分别为1.41和0.19，取几何参数不定性 μ 和 δ 分别为1.00和0.02，计算模型不定性 μ 和 δ

分别为 1.0 和 0.05。利用概率论中确定随机变量函数的均值、均方差的线性化法则,结构抗力均值和变异系数可通过以下公式进行计算:

$$u_r = R_K \times \mu_{K_M} \times \mu_{K_A} \times \mu_{K_P} \tag{5-17}$$

$$\delta_r = \sqrt{\delta_{K_M}^2 + \delta_{K_A}^2 + \delta_{K_P}^2} \tag{5-18}$$

根据概率论中确定随机变量函数的均值、均方差的线性化法则,结构抗力的均值和标准差如下:

$$u_r = 1.41 \frac{\lambda f_c(T)}{1 - \lambda K} \tag{5-19}$$

$$\sigma_r = 0.2785 \frac{\lambda f_c(T)}{1 - \lambda K} \tag{5-20}$$

《建筑结构可靠度设计统一标准》(GB 50068—2018)中,通过相关科研、设计、施工单位大量的实测调查和统计工作后,得到了我国常见荷载的统计参数。其中,恒荷载的均值/标准值可取 1.06,变异系数可取 0.07[8]。

作为一种高度非线性材料,岩土在不同的应力水平下具有差异极大的变形特性,因此岩土工程较上部结构的复杂性和不确定性更强。不仅取样过程中的扰动会造成样品与原状土间存在较大差异,即使原位测试也仅能获得原位测试部位的性质,难以代表整个岩土体的性能。由于土性之间或不同点的土性具有较强的相关性,包括互相关和自相关[9],岩土的各种参数是空间的函数,参数的变异性大,变异系数一般在 0.1 ~0.35,有的甚至超过 0.4。对于井壁侧向荷载而言,均值/标准值取 1.06,变异系数调整为 0.15,那么荷载的均值和标准差为:

$$u_s = 1.06P, \sigma = 0.159P \tag{5-21}$$

第四节　腐蚀井壁结构可靠度指标的时间函数

服役时间为 t 的结构,其功能函数为:

$$Z(T) = R(T) - S(T) \tag{5-22}$$

对于井壁而言,影响其功能函数的因素包括井壁厚度与半径比 λ、轴心抗压强度 f_c、荷载 P 和服役时间 T,因此其功能函数可表述为:

$$Z(T) = R(\lambda, f_c, T) - S = g(\lambda, f_c, P, T) \tag{5-23}$$

如果结构抗力 $R(T)$ 和荷载 $S(T)$ 服从正态分布,均值和标准差分别表示为

$u_r(T)$、$u_s(T)$和$\sigma_r(T)$、$\sigma_s(T)$，那么功能函数Z(T)一定也是服从正态分布的随机变量，并且随机变量Z的平均值$u_z(T)$和标准差$\sigma_z(T)$可以分别由式(5-24)和式(5-25)进行计算。

$$u_z(T)=u_r(T)-u_s(T) \tag{5-24}$$

$$\sigma_z(T)=\sqrt{\sigma(T)_r^2+\sigma(T)_s^2} \tag{5-25}$$

另一方面，结构失效的可能性大小也可以从结构抗力R和荷载效应S的重叠面积来解释。抗力S及荷载效应R分布曲线的叠加面积，可以代表结构失效概率的高低，如图5-1所示。

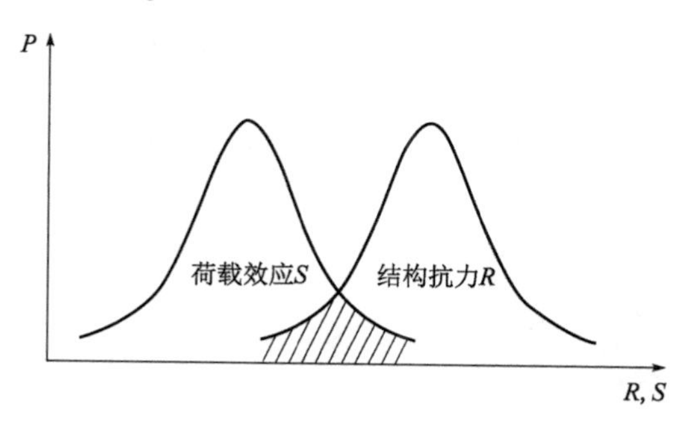

图5-1 抗力S及荷载效应R的分布曲线

由图5-1可见，失效概率P_f与3个因素相关，即：功能函数Z平均值距原点的距离、抗力R和荷载效应S的标准差。当这3个因素以式(5-26)的方式进行组合时，称之为"可靠度指标β"：

$$\beta=\frac{u_r-u_s}{\sqrt{\sigma_r^2+\sigma_s^2}} \tag{5-26}$$

可靠度指标β与失效概率P_f是一一对应的(表5-3)，因此可靠度指标β也可以用于评价结构的安全程度。虽然失效概率P_f的物理含义非常直观明确，但由于β计算更为简便，很多国家都已经将β代替P_f衡量结构可靠性的指标。

可靠度指标β与失效概率P_f的关系 表5-3

β	1.0	2.0	3.0	4.0	5.0
P_f	1.59×10^{-1}	2.28×10^{-2}	1.35×10^{-3}	3.17×10^{-5}	2.87×10^{-7}

井壁抗力$R(T)$的均值$u_r(T)$和标准差$\sigma_r(T)$，分别为$1.41\dfrac{\lambda f_c(T)}{1-\lambda K}$和

$0.1975\dfrac{\lambda f_c(T)}{1-\lambda K}$,荷载 $S(T)$ 的均值 $u_s(T)$ 和标准差 $\sigma_s(T)$,分别为 $1.06P$ 和 $0.1415P$。因此,功能函数的均值 $u_z(T)$ 和标准差 $\sigma_z(T)$ 可分别由式(5-27)和式(5-28)计算。

$$u_z(T)=1.41\frac{\lambda f_c(T)}{1-\lambda K}-1.06P \tag{5-27}$$

$$\sigma_z(T)=\sqrt{\left[0.2785\frac{\lambda f_c(T)}{1-\lambda K}\right]^2+(0.159P)^2} \tag{5-28}$$

童亭煤矿副井基岩段井壁结构可靠度指标时间函数的一般公式,可表示为:

$$\beta(T)=\frac{1.41\dfrac{\lambda f_c(T)}{1-\lambda K}-1.06P}{\sqrt{\left[0.2785\dfrac{\lambda f_c(T)}{1-\lambda K}\right]^2+(0.159P)^2}} \tag{5-29}$$

第五节　小结

本章中,对于服役结构可靠性的特点进行分析后,根据影响井壁结构功能函数的因素,建立了服役井壁的功能函数。根据井壁混凝土内部强度条件,以及对荷载和抗力统计参数的分析后,建立了童亭煤矿副井基岩段井壁结构可靠度指标时间函数的一般形式:

$$\beta(T)=\frac{1.41\dfrac{\lambda f_c(T)}{1-\lambda K}-1.06P}{\sqrt{\left[0.2785\dfrac{\lambda f_c(T)}{1-\lambda K}\right]^2+(0.159P)^2}}$$

CHAPTER 6

第六章

童亭煤矿副井可靠度评价与剩余服役寿命预测

第一节 引言

结构是否安全,取决于其承载能力能否满足荷载的要求。在混凝土腐蚀过程中,不仅抗压强度等承载性能会降低,弹性模量等抗变形性能指标也会下降,井壁的应力分布情况也可能会随之发生变化。

童亭煤矿副井严重腐蚀段分别位于-346、-355.5、-359和-370m,当其中一段弹性模量降低时,上部井壁与地层间的摩擦阻力作用下,腐蚀段附近的竖向应力有下降的趋势。弹性模量降低一定程度增加了地层与井壁间的间隙,井壁侧向应力也可能会降低。4个腐蚀段相距较近,它们对井壁应力分布的影响可能会产生累加效应,使得应力发生更大的改变。

作用于深层井壁上的应力复杂而多变,分析腐蚀对井壁应力分布的影响前,首先要对井壁上作用的荷载类型及大小进行分析。然后,在对荷载进行适当简化后,使用 $FLAC^{3D}$ 建立童亭煤矿副井仿真模型,并用等比例降低腐蚀段内混凝土的参数的方法,模拟不同腐蚀程度时,童亭煤矿副井井壁应力分布改变的大小及范围。根据数值计算得到的井壁在不同腐蚀程度时的应力分布,结合第五章腐蚀井壁结构可靠度指标的时间函数,就可以得到不同服役时间时,童亭煤矿副井的结构可靠度。

一般的立井井筒都能达到数百米之深,如此巨大的结构,很难一次性建设完成,需要进行分段施工。分段施工过程中,如果上一节井壁尚未完全形成强度就让其承担载荷作用,难免会在混凝土内部造成裂缝等损伤。这种损伤不仅降低了井壁强度,而且严重弱化了其抗渗性能,使有害离子更容易进入混凝土内部。混凝土与腐蚀性离子的接触面积的增大,加速了井壁的腐蚀进程。因此,在分析童亭煤矿副井结构可靠度以及剩余寿命外,分析了若在施工期承受了相当于14和21MPa的初始损伤,其可靠度和服役寿命的改变。

第二节　井壁的荷载作用分类及计算

《建筑结构荷载规范》(GB 50009—2012)中,将荷载可分为永久荷载、可变荷载和偶然荷载3种。永久荷载是指在使用期内基本不会发生改变的荷载,对井壁而言,永久荷载可分为两个部分:①径向的,作用于井壁外表面的水土压力 P_h;②竖直压力 P_v,它包括井壁、装备、井口构筑物的自重荷载和土层对井壁作用的负摩擦力等。可变荷载是指使用期内大小可变,并且不可忽略的荷载,包括施工期内冻结壁均布压力、冻土非均布压力、温度应力以及永久非均布荷载等。偶然荷载主要包括地震、爆炸和冲击地压等,它指的是那些在施工和使用期内不一定出现,但出现时就会兼具持续时间短及量值大特征的荷载。

截至2014年,童亭煤矿副井已经服役25年,此时井壁与周围地层的相互作用已趋于稳定。淮北的抗震设防烈度为6度,地震发生频率与烈度水平都不高,爆炸等偶然荷载的概率也不大。简化起见,童亭煤矿副井的荷载,仅考虑永久荷载的作用。

一、竖直附加力

当井壁与地层之间发生相对移动,由于井壁与地层间摩擦阻力的存在,井壁相应会受到与移动方向相反的负摩擦阻力作用,这种负摩擦阻力一般被称为竖直附加力。一般来说,竖直附加力按照时间可划分为两种。

第一种发生在施工期,冻结段地层解冻,土层发生融沉时。童亭煤矿副井虽然有部分施工段采用冻结法,但这些施工段都位于表土段,与4个腐蚀段的距离很远。截至2014年,副井已经服役25年,即使当时这种附加应力对井壁应力有影响,那么此时也应基本消散。

另一种附加应力发生在使用期,产生的原因是开采扰动导致表土含水层疏水固结。临涣矿区的童亭、海孜和临涣煤矿在投产前几年,都曾发生过地层疏水导致的附加应力破坏,当时11个井筒中有9个发生了井壁破裂,破坏最严重的部位都位于表土与基岩接触面附近。其中,童亭煤矿副井破坏发生于1991年4

月 15 日，破坏形式在初期表现为剥落、掉皮，并逐渐出现裂缝，然后在一周内发展成剥落掉块。

童亭煤矿副井表土段为每节 5m 高的钢筋混凝土预制井壁，其剥落范围位于 -255.8m 的 51 节底至 -185.8m 的 38 节顶。通过与副井地质柱状图对比，这位于三隔上部、四含底到基岩层风化带破坏严重的位置，都是位于节与节之间的接茬处，如图 6-1 所示。

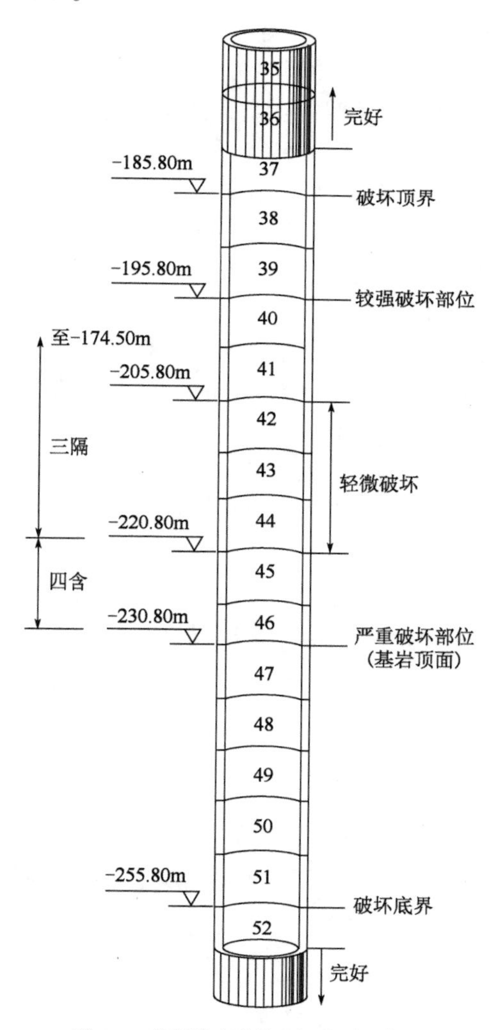

图 6-1　童亭煤矿副井破坏范围示意图

童亭煤矿副井在发生破坏后,1991 年内分两次进行了加固,第一次加固采用槽钢和钢轨加固,在破坏范围内间距 0.5m,贴井壁使用 20 号槽钢作为井圈进行水平加固,竖向间距 1.0m,使用 15kg/m 钢轨与井圈连接加固,形成网状整体结构。井圈采用分段上行式,段内下行式。每段 15m,加固 75m(垂深 182 ~ 257m)。架设井圈 150 道。第二次加固采用分层破壁注浆,每层间距 5m,布孔 4 ~7个,孔深 2.7 ~3.0m。共 16 层 100 孔,注水泥 1150t,水玻璃 71t,注浆压力 $70kg/cm^2$,注浆后井壁无渗水,效果良好。

临涣、海孜和童亭三矿临近,冲积层可分为自上而下的 4 个含水层,其中一、二和三含水层构成上部水体,而四含则直接与煤系地层接触,构成矿井水的主要来源之一。四含地层是由砂砾、中细砂和黏土质砂组成的多层组合结构,四含上部以黏土为主,下部砂砾较多,四含的厚度介于 0 ~32.9m,平均 14m,抽水涌水量 $q=0.0493 \sim 0.64$L/(s·m),渗透系数 $K=0.18\times10^{-4} \sim 5.86\times10^{-3}$cm/s,符合中等偏弱含水层的特征。分布范围主要位于大赵家—临涣东风井—童亭风井以西地区,呈现出东薄西厚的特点。

至 1993 年 10 月,临涣、童亭和海孜煤矿三矿的沉降区范围约有 $40km^2$,地表最大下沉量分别达到了 530、420 和 525mm。相关研究[10]表明,三矿地表沉降的根源在于四含水层水位下降而引起附近土层的固结压缩所致,其中四含压缩占土层压缩总量的 60% ~70%。通过对临涣 85-02 孔水位降曲线的趋势分析,从 1991 年开始水位的下降速度已经明显减缓,至 1997 年左右水位就能基本稳定。

在四含的水位达到稳定后,井壁上的附加应力也会逐渐释放,并且当前井壁破坏发生的部位位于 -346m 及以下,与井壁的腐蚀段相距较远,可以认为这种附加应力对腐蚀段也不存在影响。

二、自重荷载

井壁自重荷载可看作是井壁、井筒装备和部分井塔的重量之和。其中,装备和井塔重量由于比重较小,一般可以忽略。因此,自重荷载可看作是由上部井壁自身重量引起,可用式(6-1)计算。

$$\sigma_z = \gamma_a H \tag{6-1}$$

式中:σ_z——自重荷载(kPa);

γ_a——井壁平均重度(kN/m^3),取 $24kN/m^3$;

H——计算位置所在深度(m)。

童亭 -346、-355.5、-359 和 -370m 深度井壁竖向应力分别为 8.14、8.36、8.44和 8.7MPa。

三、永久地压

永久地压,指的是地层与水对井壁侧向的作用力。目前计算永久地压的方法有平面挡土墙地压理论、经验公式、圆形挡土墙地压理论和夹心墙地压理论等。

1. 平面挡土墙地压理论

基于库仑挡土墙主动土压力理论,1908 年普罗托吉雅克诺夫推导出了水平地压的计算公式(普氏公式):

$$P = \gamma Z \tan^2\left(45^\circ - \frac{\varphi}{2}\right) \tag{6-2}$$

式中:γ——土的重度(kN/m^3);

Z——计算点位置的深度(m);

φ——土的内摩擦角(°)。

普氏公式的基本假设是:井壁是一个垂直的平面挡土墙,围岩是疏松的,井壁与围岩间没有摩擦力;井壁在纵向是无限长的,没有变形的存在。通过普氏公式计算出来的结果,地压与深度成正比。但由于普氏公式没有考虑到地下水的作用,普氏公式只适用于不含水或弱含水的单一地层。

考虑到地层之间性质的差异,苏联学者秦巴列维奇在普氏公式的基础上进行了改进,得到了水平地压的计算公式(秦氏公式):

$$P = \sum_{i=1}^{n}(\gamma_i h_i)\tan^2\left(45^\circ - \frac{\varphi_i}{2}\right) \tag{6-3}$$

或

$$P = \sum_{i=1}^{n}(\gamma_i h_i)A_i \tag{6-4}$$

式中:γ_i——第 i 层土的重度(kN/m^3);

h_i——第 i 层土的厚度(m);

A_i——第 i 层土的侧压力系数。

秦巴列维奇侧压力公式中,水平侧压力系数可以按照表 6-1 选择。

秦氏水平侧压力系数的取值范围　　表 6-1

秦氏岩石分类	力学特性			水平侧压力系数	
	抗压强度(MPa)	内摩擦角			
		最小～最大	平均	最大～最小	平均
流沙	—	0°～18°	9°	1.0～0.64	0.757
松散岩石	—	18～26°34′	22°15′	0.64～0.5	0.526
软地层	—	26°34′～50	38°15′	0.5～0.3	0.387
弱地层	2～10	50°～70°	60°	0.3～0.031	0.164
中硬	10～40	70°～80°	75°	0.031～0.008	0.017

秦氏公式在普氏公式的基础上提出了分层假设，虽然与普氏公式一样未考虑地层中水的压力，但由于相应增大了侧压力系数，秦氏公式在一定程度上也相当于考虑了地层中水的影响，因此可广泛应用于多种不含水和弱含水的地层中。

童亭煤矿副井的基岩段高度 275m，岩性主要有泥岩、细砂岩、细粉砂岩和粗粉砂岩等。-326～-372m 的地层情况见表 6-2。

童亭煤矿副井基岩段部分地层岩性表　　表 6-2

岩层名称	层厚(m)	累计层厚(m)
细砂岩	0.6	326.37
泥岩	4.35	330.72
粗粉砂岩	0.9	331.62
泥岩	5.25	336.87
粗粉砂岩	1.6	338.47
泥岩	0.7	339.17
粉砂岩	7.03	346.2
细粉砂岩	3.5	349.7
细砂岩	1	350.7
泥岩	1.8	352.5
粉砂岩	1.55	354.05
中细砂岩	2.45	356.5
粉砂岩	1.2	357.7
细砂岩	0.45	358.15
泥岩	11.2	369.35
粉砂岩	3.1	372.45

按照秦氏水平侧压力系数，其岩性都可归为软弱地层，结合现场地质调查、岩石力学试验研究结果以及相关资料[11,12]，如果侧压力系数取0.16，那么童亭-346、-355.5、-359和-370m深度井壁侧向应力分别为1.3、1.33、1.35和1.39MPa。

2. 经验公式

在深厚表土层的计算中，水平地压也可以用以下的经验公式进行计算：

$$P = kH \tag{6-5}$$

式中：H——计算点深度(m)；

k——经验系数，一般可取k介于0.01~0.02，我国常取0.01~0.013，美国取0.014，德国取0.013~0.018。

3. 圆形挡土墙地压理论

圆形挡土墙地压理论与平面挡土墙计算方法相反，没有对土体和井壁进行简化，而是根据轴对称问题计算方法，通过将围岩视作松散介质进行求解，其计算公式为：

$$\begin{cases} P = \gamma R_0 \dfrac{\tan\left(45^\circ - \dfrac{\varphi}{2}\right)}{\lambda - 1} \times \left[1 - \left(\dfrac{R_0}{R_b}\right)^{\lambda - 1}\right] \\ P = \gamma R_0 \dfrac{\tan\left(45^\circ - \dfrac{\varphi}{2}\right)}{\lambda - 1} \times \ln \dfrac{R_b}{R_0} \end{cases} \tag{6-6}$$

$$P_{max} = \gamma R_0 \frac{\tan\left(45^\circ - \dfrac{\varphi}{2}\right)}{\lambda - 1} \tag{6-7}$$

$$R_b = R_0 + H\tan\left(45^\circ - \frac{\varphi}{2}\right), \quad \lambda = 2\tan\left(45^\circ + \frac{\varphi}{2}\right) \tag{6-8}$$

式中：γ——土的重度(kN/m^3)；

λ——简化系数；

R_0——井筒掘进半径(m)；

R_b——土体滑动线与地面交点的横坐标(m)。

第三节　腐蚀井壁 $FLAC^{3D}$ 模型的建立

$FLAC^{3D}$(Fast Lagrangian Analysis of Continua)是基于有限差分法的仿真计算软件,它可以对土壤、岩石及其他材料进行受力特征模拟及塑性流动分析。当材料发生屈服或产生塑性流动时,单元网格及结构也随之发生变形,使得 $FLAC^{3D}$ 非常适合模拟大变形问题。

使用 $FLAC^{3D}$ 进行数值模拟时,一般包括以下 5 个步骤:①定义边界和初始条件;②确定材料的本构模型及对应的参数;③确定网格尺寸并生成网格;④模型进行必要的修正;⑤进行数值计算并将结果以适当方式输出。

模拟腐蚀对井壁应力分布的影响,主要分以下 3 步进行:

(1)对地层进行初始应力平衡,得到井壁建立前,自然状态下地层的应力状态。

(2)进行地层开挖并建立井壁,定义地层与井壁之间的接触面参数以及井壁的材料参数后,再次进行数值计算,得到井壁与周围地层平衡时的应力状态。

(3)分别对 4 个腐蚀段内的参数进行逐渐降低,得到不同腐蚀程度时井壁应力分布和塑性区情况。

一、模型范围及边界条件

童亭煤矿副井表土层土质松软,厚度共 230.5m,共有 4 个含水层和 3 个隔水层,各含水层以细砂、粉砂为主,夹有薄层砂质泥土。隔水层以厚层黏土为主。第四纪松散层情况,见表 6-3。

童亭煤矿副井第四纪松散层情况表　　表 6-3

地层	垂深(m)	高程(m)	厚度(m)	描　述
一含	0 ~ 32.0	+28.4 ~ -3.6	32	细粉砂为主
一隔	~80.3	~ -51.8	48.3	黏土、砂质黏土
二含	~91.4	~ -62.9	11.1	细砂
二隔	~148.17	~ -120.2	57.3	黏土、砂质黏土

续上表

地层	垂深(m)	高程(m)	厚度(m)	描 述
三含	~174.5	~ -146.0	25.8	细砂、中砂
三隔	~218.3	~ -189.8	43.8	黏土、砂质黏土
四含	~230.5	~ -202.0	12.2	沙砾及细砂

基岩风化带厚度 22.5m，为细砂岩、中砂岩、粉砂岩和泥岩互层，岩层倾角 10°。基岩段总深度 275m，为泥岩、粗砂岩、中粉砂岩、砂岩互层，岩层倾角介于 5°~15°。童亭煤矿副井穿越的地层都没有较大活动断层和裂隙存在，井筒及周围地层可视为对称结构，模拟时可取 1/2 进行计算。

根据圣维南原理，距离井壁越远的岩体对井壁的影响越小，但若网格大小不变，模型越大所消耗的计算资源也越高。理论分析表明，如果在一个均质弹性无限域中开挖圆形洞室，那么距中心点 5 倍洞径之外，开挖引起的应力和位移变化将小于 1%，3 倍洞径之外约小于 5%。综合考虑工程精度要求和有限元误差等因素，模型范围选择以开挖中心为圆心，3~4 倍洞径的半径范围内为宜。考虑童亭煤矿副井区域内地质情况等因素，模型的左右边界距离井壁中心点 70m。

童亭煤矿副井表土段和基岩风化段岩性破碎，模型上覆盖的表土段及部分基岩段的围岩和井壁，可简化为均布压力作用于计算模型上。童亭煤矿副井的腐蚀段分别位于 -346、-355.5、-359 和 -370m，计算模型的上下边界可以分别为 -346m 向上 71m 的 -275m，以及 -370m 向下 59m 的 -429m。

模型高 154m，宽 140m，网格图如图 6-2 所示。

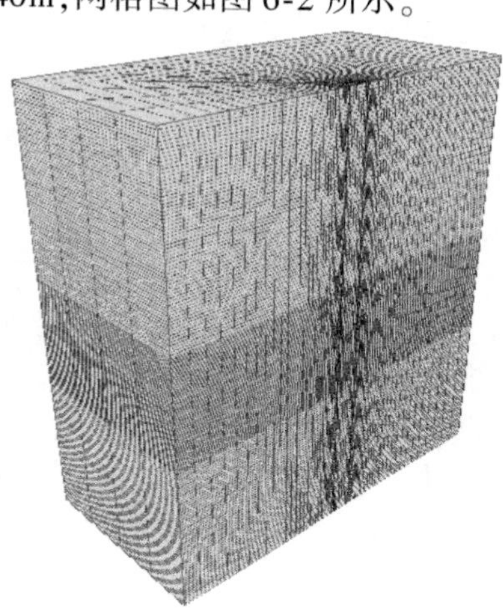

图 6-2 童亭煤矿副井 $FLAC^{3D}$ 模型

二、材料参数

1. 地层材料参数

根据破坏形式,材料在外力作用下可分为脆性破坏和塑性破坏,前者是没有明显塑性变形直接发生的突然断裂,后者在承载能力极限前已经发生大量的塑性变形,以至于材料无法继续受力。

目前尚没有一种强度理论可以描述所有材料在所有受力条件下的强度性能,对于不同的材料处于不同的受力状态时应采用不同强度理论进行强度校核。其中,第一和第二强度理论适用于脆性材料的单、二向受力和塑性材料的三向受力状态,第三和第四强度理论相反,适用于塑性材料的单、二向受力和脆性材料的三向受力状态。其中,第四强度理论又称最大形状改变比能理论,该理论推导出的判断塑性破坏的条件为:

$$\sqrt{\frac{1}{2}(\sigma_1-\sigma_3)^2+(\sigma_2-\sigma_3)^2+(\sigma_3-\sigma_1)^2} \geqslant [\sigma] \tag{6-9}$$

当处于二向受力时,由于 $\sigma_3 = 0$,那么有:

$$\sigma_1^2-\sigma_1\sigma_2+\sigma_2^2 \geqslant [\sigma]^2 \tag{6-10}$$

这四种强度理论的前提都是材料的抗压和抗拉性要相同或相近。但部分材料(岩石、土壤、混凝土和铸铁等)的抗压和抗拉能力相去甚远,抗压强度远高于抗拉强度。为了校准这种材料的强度,发展出了摩尔库伦(Mohr—Coulomb)屈服准则:

$$f_s=\sigma_1-\sigma_3\frac{1+\sin\varphi}{1-\sin\varphi}+2c\sqrt{\frac{1+\sin\varphi}{1-\sin\varphi}} \tag{6-11}$$

其中,σ_1 和 σ_3 分别是最大和最小主应力;c 和 φ 分别为黏聚力和内摩擦角。当 $f_s<0$ 时,材料发生剪切破坏。

模型范围内的地层性质并不复杂,将模型范围内的地层简化为泥岩、砂岩以及泥岩砂岩互层三种,见表 6-4。根据现场地质调查和岩石力学试验成果,通过与相关资料[13,14]进行对比,简化地层的本构关系采用摩尔库伦模型,材料参数见表 6-5。

简化模型各地层的厚度

表 6-4

地层编号	地层性质	厚度(m)
1	砂岩	14
2	泥岩	29
3	泥岩砂岩互层	8
4	泥岩	13
5	砂岩	11
6	泥岩	3
7	砂岩	5
8	泥岩	11
9	砂岩	9
10	泥岩砂岩互层	51

$FLAC^{3D}$模型地层的材料参数

表 6-5

地层	体积模量(GPa)	剪切模量(GPa)	黏聚力(MPa)	内摩擦角(°)	密度(kg/m^3)
泥岩	3.84	3.16	3.0	22	2411
砂岩	16.03	4.34	2.95	25	2685
泥岩砂岩互层	4.45	3.17	2.17	24.59	2542

2. 井壁材料参数

童亭煤矿副井表土段300m范围内为净径6.8m,每节5m高600mm厚的钢筋混凝土预制井壁;300m以下的井筒净径6.5m,为450mm厚强度等级C30的现浇法井壁。井壁模型的上下边界分别为 -275m 和 -429m,模型范围内有25m的预制混凝土井壁,其余125m井壁为现浇井壁。由于预制井壁段位于模型边缘,与 -346、-355.5、-359 和 -370m 腐蚀段相距较远,可将其结构及材料参数视作与基岩段井壁一致。

井壁采用摩尔库伦模型,其材料参数见表6-6。$FLAC^{3D}$模型的地层分类如图6-3所示。

井壁的材料参数

表 6-6

材料	体积模量(GPa)	剪切模量(GPa)	黏聚力(MPa)	内摩擦角(°)	密度(kg/m^3)
C30 混凝土	11.3	12.4	3.18	54	2400

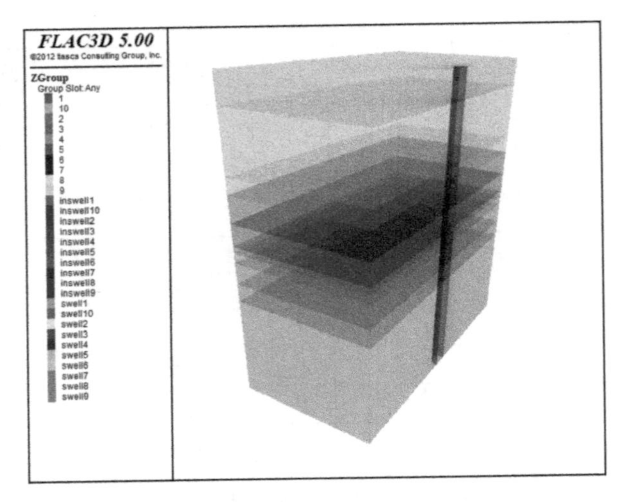

图 6-3 FLAC^{3D}模型的地层分类

3. 井壁与地层间的接触面参数

FLAC^{3D}中的接触面单元,适宜用于模拟互相碰撞的物体间的接触面、空间中的障碍边界条件、矿物与矿储仓的接触、岩体的节理断层,以及混凝土构筑物与岩土间的接触面等情况,当然也适用于模拟井壁与地层间的相互作用。接触面单元是无厚度的,其本构模型采用库伦剪切模型,并有 3 种选项以模拟工程中的不同工况,分别是:

(1)胶合模型,接触面会根据给定的刚度发生位移,但是不允许滑移和张开,接触面是胶合在一起的。

(2)抗拉黏结模型。

(3)库伦剪切强度模型,其强度准则为:

$$F_{\mathrm{smax}} = cL + F_{\mathrm{n}}\tan\varphi \tag{6-12}$$

式中:F_{smax}——接触面发生相对滑动时所需最小的剪切力;

c——接触面的黏聚力;

L——有限连接长度;

F_{n}——法向力;

φ——内摩擦角。

库伦剪切强度模型中,当接触面上的切向力 F_{s} 小于 F_{smax} 时,接触面处于弹性阶段,而当切向力 F_{s} 等于 F_{smax} 时,接触面开始进入塑性阶段。另外,滑移的初始阶段，可能会发生剪胀现象，此时需要定义剪胀角 ψ，因为剪胀会导致剪切面上法向应力的增加。剪胀导致的法向应力增加量，可以用以下公式进行计算：

$$\sigma_n := \sigma_n + \frac{|F_s|_0 - F_{smax}}{Lk_s}\tan\psi k_n \tag{6-13}$$

式中：$|F_s|_0$——修正前的剪切力；

k_n——法向刚度；

k_s——切向刚度。

接触面的法向刚度 k_n 和切向刚度 k_s 可以取“硬度”最大的相邻地层等效刚度的 10 倍[15]，即：

$$k_n = k_s = 10\max\left[\frac{K + \frac{4}{3}G}{\Delta z_{min}}\right] \tag{6-14}$$

式中：K——“最硬”地层的体积模量；

G——“最硬”地层的剪切模量。

需要模拟滑移和分离时，相对于刚度参数（k_n 和 k_s）而言，接触面的黏聚力、内摩擦角等参数更重要。对于现浇混凝土结构，由于地层与混凝土间的接触面上摩擦性质较好，接触面上的 c、φ 值一般可以取相邻地层 c、φ 值的 0.8 倍。

简化起见，不同地层与井壁间的接触面参数统一取值，见表 6-7。接触面示意图如图 6-4 所示。

井壁与地层间的接触面参数 表 6-7

接触面编号	法向刚度 k_n（GPa）	切向刚度 k_s（GPa）	黏聚力（MPa）	内摩擦角（°）
1	80	80	1.8	25

三、应力初始化

模拟腐蚀对井壁应力分布的影响，要从未腐蚀时开始。腐蚀前模型的应力状态，可分为两步进行计算，第一步是构建井壁建立前地层的应力平衡状态；第二步是进行地层开挖和井壁建立，通过数值计算，得到井壁建立后腐蚀发生前，井壁与周围地层达到平衡时的应力状态。

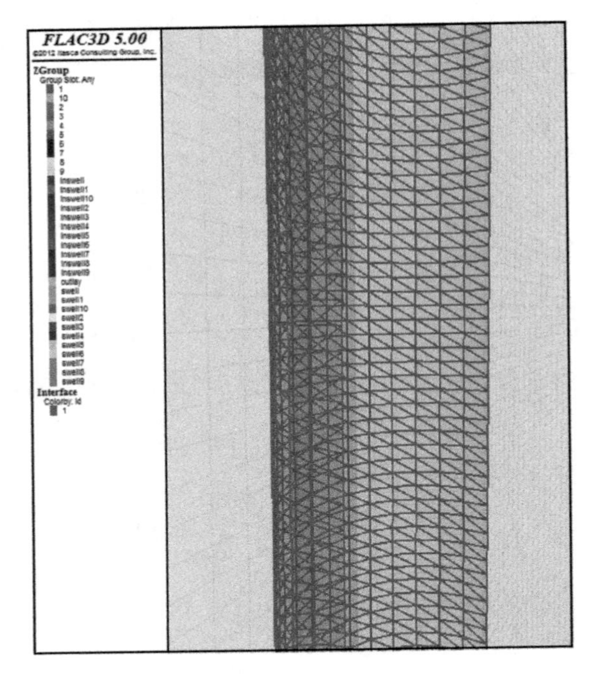

图 6-4 井壁与地层间的接触面

1. 地层应力的初始化

地层的初始应力场由自重应力场和构造应力场两部分组成，自重应力场由地层自身重量引起，构造应力场则是由地壳运动造成。构造应力场按形成时间，又可分为过去地质运动残留在地层内的应力和当前发生的地质运动引起的应力两种。一般来说，在地质构造活动不太活跃的地区，岩性较为破碎的地层可忽略构造应力作用，将地层的初始应力场视作全部由自重应力场组成。

如果不考虑构造应力场的作用，取上部地层和井壁的重度均为 24kN/m^3，那么上部地层和井壁作用在模型上边界的竖向应力为：

$$\sigma_z = \gamma H = 6.468\text{MPa} \tag{6-15}$$

除上边界为应力边界外，其他边界都是限定法向位移的位移边界。其中，左右边界 $\mu_x = 0$，前后边界 $\mu_y = 0$，下边界 $\mu_z = 0$，如图 6-5 所示。

地层应力初始化后，模型的 x、y 和 z 方向的应力云图如图 6-6a) ~ 图 6-6c) 所示，z 方向的位移云图如图 6-6d) 所示。

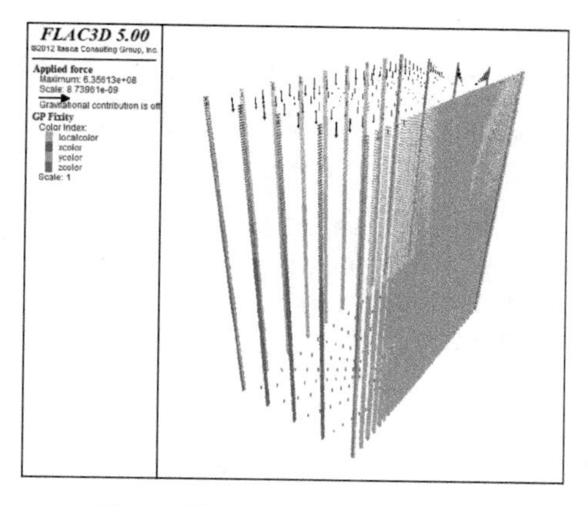

图 6-5　模型的应力和位移边界条件

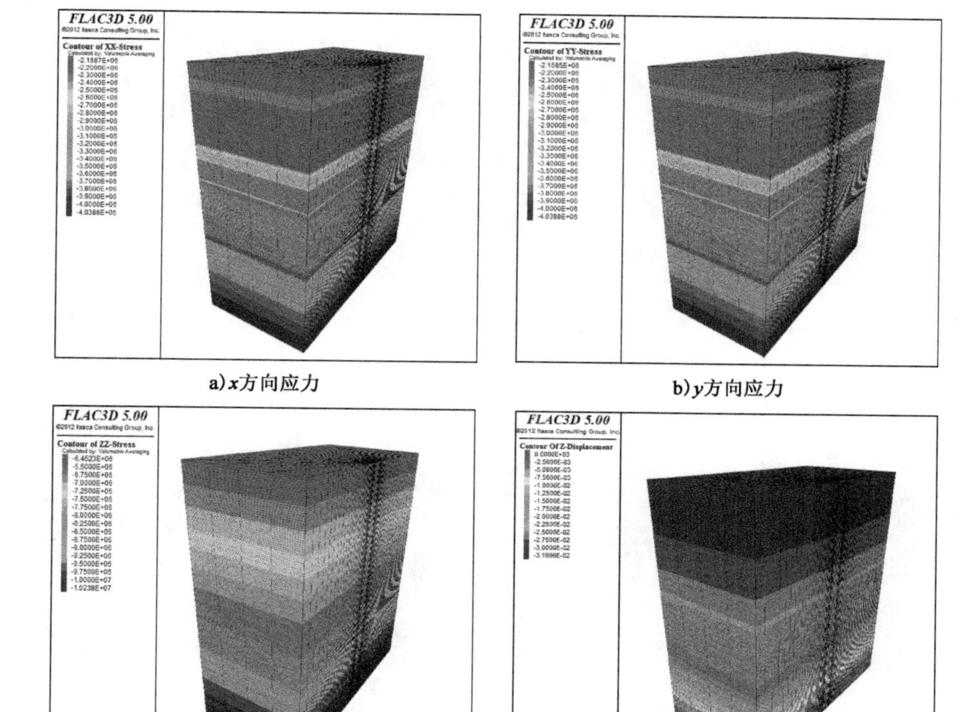

a) x方向应力　　b) y方向应力

c) z方向应力　　d) z方向位移

图 6-6　初始平衡后的应力和位移云图

由图6-6可见，自然沉降后，地层竖向位移最大值为3.16cm，发生于模型顶部，位移自上而下沉降逐渐递减，并在底部接近于0。由于在模型顶部施加了上部地层和井壁的自重应力，顶部竖向应力为6.452MPa。自身重力影响下，竖向应力大小从上至下逐渐递增，最大值10.238MPa位于模型底部。由于忽略构造应力作用，模型水平面上各方向的应力相同，x轴和y轴的应力分布也基本一致。模型顶部和底部的侧压力分别为2.17和4.04MPa，与竖向压力之比分别为0.33和0.39。

2. 井壁与地层的平衡状态

进行腐蚀井壁数值模拟的目的，在于分析腐蚀导致井壁混凝土性能逐渐降低的过程中，井壁上的应力分布会产生多大变化，因此井壁与地层之间达到相互平衡的状态是模拟井壁腐蚀的起点。如果井壁在开挖和支护过程中不存在欠挖和超挖，附近岩体也未受严重损伤，并且尚未产生严重腐蚀时应力已经趋于稳定，那么井壁与地层平衡时，井壁x、y和z向的应力云图如图6-7a)~图6-7c)所示，井壁的塑性区分布如图6-7d)所示。

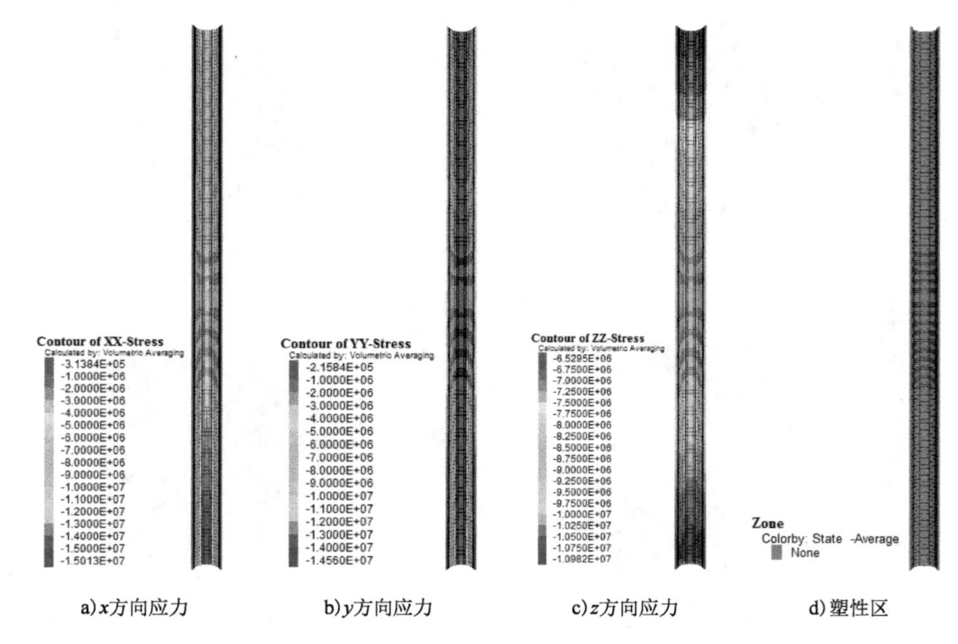

a) x方向应力　b) y方向应力　c) z方向应力　d) 塑性区

图6-7　井壁应力和塑性区分布

井壁竖向应力主要来自上部井壁的重力作用。图6-7c)中，井壁竖向应力是成层分布的，并且上部的成层性要明显优于下部。井壁顶端竖向应力为

6.57MPa,并且大小随深度而增加,在底端增长至10.21MPa。井壁 x 和 y 方向应力与深度间也有良好的相关性,但 x 和 y 方向应力的最大值分别为15.01和14.56MPa,明显高于 z 方向,可见井壁的主要受力方向是水平方向。由图6-7d)可见,井壁在腐蚀前不存在塑性区。

混凝土的承载能力和破坏规律与其应力状态密切相关,童亭煤矿副井的4个腐蚀段分别位于-346、-355.5、-359和-370m,深度不同不仅使它们的竖向应力不一样,相邻地层的差异性也使其侧向应力有所不同。图6-8为未受腐蚀时,不同深度井壁的竖向及侧向应力,图中上方红色实线代表竖向应力,下方黑色虚线代表侧向应力。

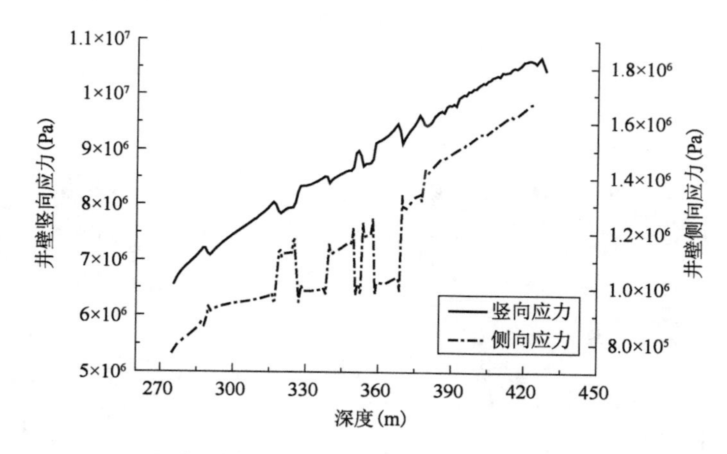

图6-8 井壁的竖向和侧向应力

数值计算表明,腐蚀前井壁在-346、-355.5、-359和-370m的竖向应力分别为8.6、8.75、9.14和9.17MPa,与公式所得结果8.14、8.36、8.44和8.7MPa的相对误差为5.3%、4.5%、7.7%和5.1%。腐蚀前井壁在-346、-355.5、-359和-370m的侧向应力为1.16、1.19、1.01和1.28MPa,与采用秦氏公式计算所得结果1.3、1.33、1.35和1.39MPa的相对误差为12.1%、11.7%、33.6和8.6%。可见,数值计算与公式方法的计算结果十分接近。

图6-9是井壁腐蚀前,地层在 x、y 和 z 方向的应力云图。

由图6-9a)和b)可见,地层 x 和 y 方向的应力,分别在4m和2m的范围内有明显的降低,但距离井壁越远,变化越小。这是由于基岩段采用了单掘单砌法进行施工,开挖和浇筑之间的间隙使得水平向应力得到了部分释放所致。图6-9c)中,z 方向的应力呈明显的成层分布,最大值和最小值分别为6.424和10.099MPa,是建井前的99.6%和98.6%。可见,井壁建立对模型边界处的应力状态几乎没有改变，模型边界范围的选择是合适的。

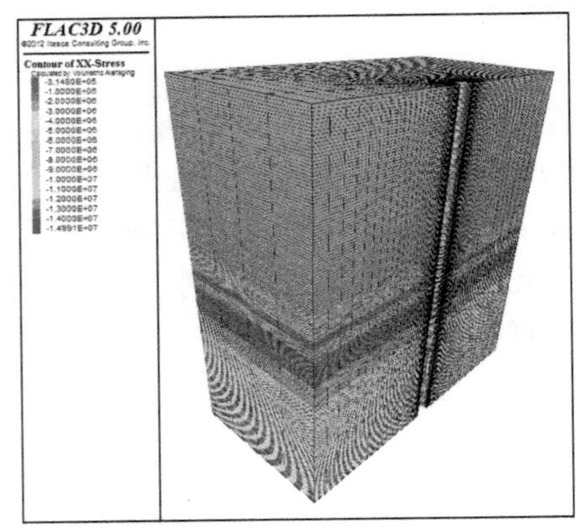

a) x方向应力

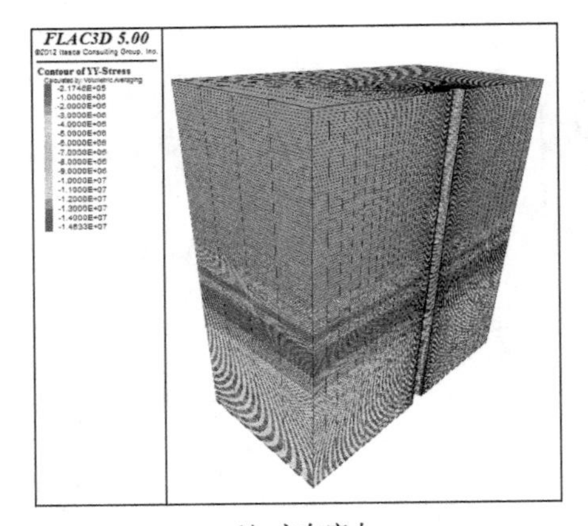

b) y方向应力

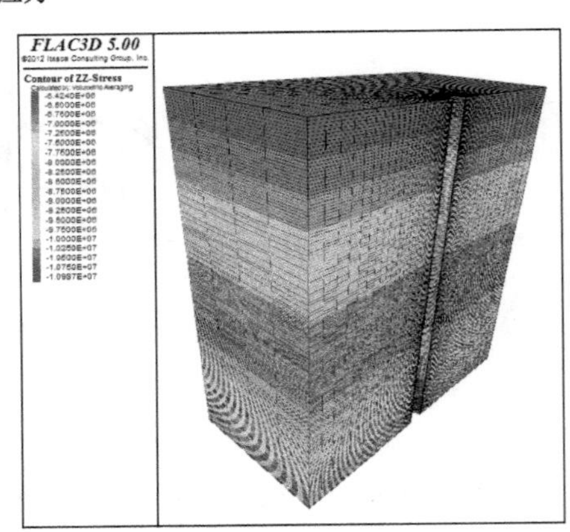

c) z方向应力

图 6-9　地层的受力情况

第四节　腐蚀对井壁塑性区及应力分布的影响分析

加速腐蚀试验中，腐蚀混凝土性能的劣化规律主要基于不同腐蚀龄期时的单轴抗压强度试验及三点弯曲试验，通过单轴抗压强度、弹性模量、腐蚀层厚度和失稳韧度的变化进行评价。而摩尔库伦模型的主要参数是体积模量、剪切模量、黏聚力、抗拉强度、内摩擦角和剪胀角。如果不考虑腐蚀对泊松比的影响，腐蚀后混凝土的体积模量和剪切模量可用式(6-16)进行计算。

$$K=\frac{E}{3(1-2\lambda)},\quad G=\frac{E}{2(1+\lambda)} \tag{6-16}$$

可见如果将泊松比视作不变，那么腐蚀混凝土的体积模量和剪切模量是等比例降低的。若将混凝土达到某一腐蚀程度时，黏聚力、抗拉强度、内摩擦角和剪胀角的降低比例也看作与体积模量和剪切模量的降低比例相同，那么可以将这个降低比例称为参数降低率 R。

腐蚀区域内井壁性能的劣化过程，必然带来塑性区在腐蚀区域内的发展。通过对 4 个腐蚀区域，分别设定不同的参数降低率进行的数值模拟，可以得到 4 个腐蚀区域在不同腐蚀程度时，对应井壁应力和塑性区的变化。图 6-10为 –346、–355.5、–359 和 –370m 腐蚀段位置的示意图。

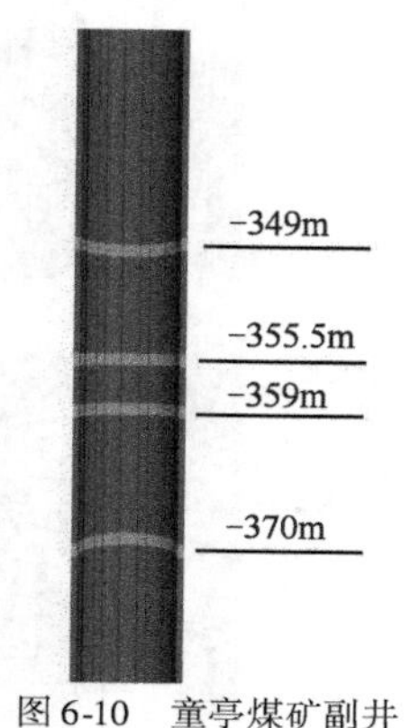

图 6-10 童亭煤矿副井腐蚀段示意图

一、腐蚀过程中井壁塑性区的变化规律

杨俊杰[16]采用试验的方法，对于竖向荷载 P_v 和侧向荷载 P_h 处于不同组合时井壁的破坏形态进行了研究，其研究结果表明：

(1)当 $P_v/P_h=0$ 时，此时井壁仅受水平荷载的作用。在竖向荷载保持为 0，水平荷载逐渐增大的过程中，井壁沿斜向剪切破坏面发生破坏，破坏面整齐且剥落范围较小。

(2)当 $0<P_v/P_h<0.8$ 时，此时竖向荷载 P_v 起约束作用，水平荷载 P_h 为主要破坏荷载。如果竖向荷载 P_v 不发生变化，P_h 逐渐增长，破坏井壁从内侧开始出现剥落，破坏面与水平方向成锐角。

(3)当 $0.8<P_vP_h<3$ 时，此时依然是由水平荷载 P_h 作为主要破坏荷载，但是竖向应力 P_v 的约束作用更强。井壁破坏时，第一主应力为环向应力 σ_θ，剥落面呈喇叭状。

(4)当 $P_v/P_h>10$ 时，此时竖向应力 σ_z 占主导。在这种情况下发生破坏时，破裂首先从井壁内侧发生，并逐渐发展成环状的破裂带。深厚表土井壁在地层疏水导致的复摩阻力破坏时，发生的就是这种形态的破坏。

经过数值模拟，当 –346m 腐蚀段内的参数分别降低 0%、26%、30%、32%、

34% 和 42% 时,井壁上的塑性区分布如图 6-11 所示。

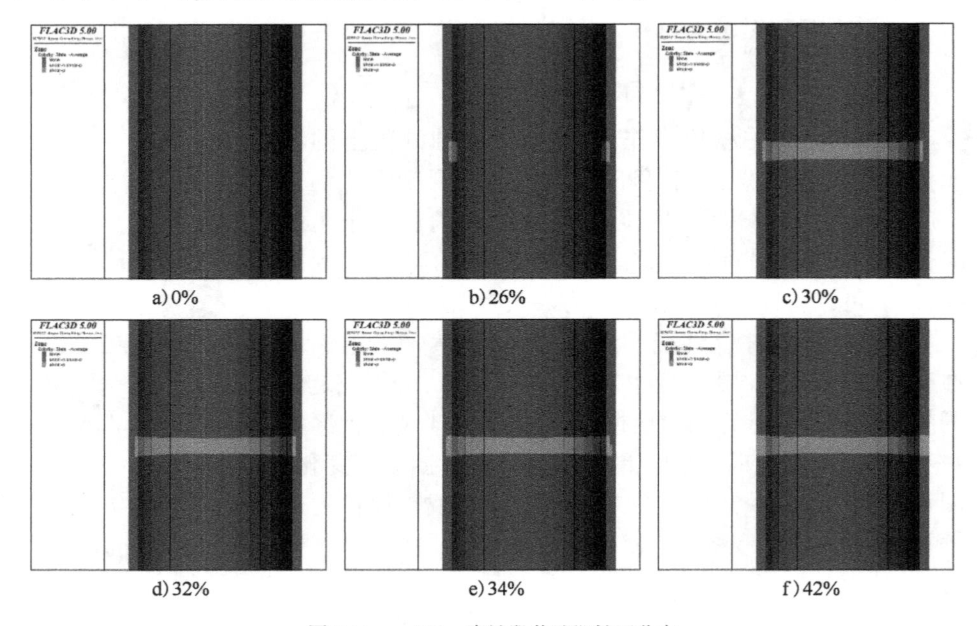

图 6-11 -346m 腐蚀段井壁塑性区分布

由图 6-11 可见,塑性区从参数降低 26% 时产生,并随着腐蚀段内参数的降低,从井壁内侧的一部分开始,逐渐发展至整个腐蚀区域内侧,再从井壁内侧扩展至外侧,最后扩展至整个腐蚀段。

一定的围压下有助于提高混凝土的承载性能,井壁外侧处于三向受压,内侧处于二向受压条件下,外侧的强化作用强于内侧,因此井壁的破坏一般都是自内向外发展。腐蚀前,井壁在 -346m 的侧向和竖向应力分别为 1.16MPa 和8.6MPa, $P_v/P_h = 7.4$,与 $P_v/P_h > 10$ 时的破坏过程相似。

罐笼是运输人员与物料的主要通道,高速运行的罐笼如果遇上了整体掉块,将会对设备及人员的安全造成极大的危害,因此将塑性区遍布腐蚀段时视作井壁完全丧失了承载能力。

对 -346m 腐蚀段而言,当塑性区遍布腐蚀区域时,腐蚀段内参数降低了 42% 。另 3 个腐蚀段,虽然所处应力略有差异,塑性区发展至整个腐蚀段时的参数降低率会有所不同。但这 4 个腐蚀段相距不远,地层差异小,应力环境相似,塑性区发展至整个腐蚀段时, -355.5、-359 和 -370m 腐蚀段的参数降低率分别是 40% 、42% 和 42% 。为简化起见,4 个腐蚀段的最大参数降低率都看作是 42% ,并且不同参数降低率的塑性区分布情况一致。

二、腐蚀过程中井壁应力分布的变化规律

图 6-12 是 –346m 腐蚀段参数降低 30%、32%、34% 和 42% 时，井壁的竖向应力云图。

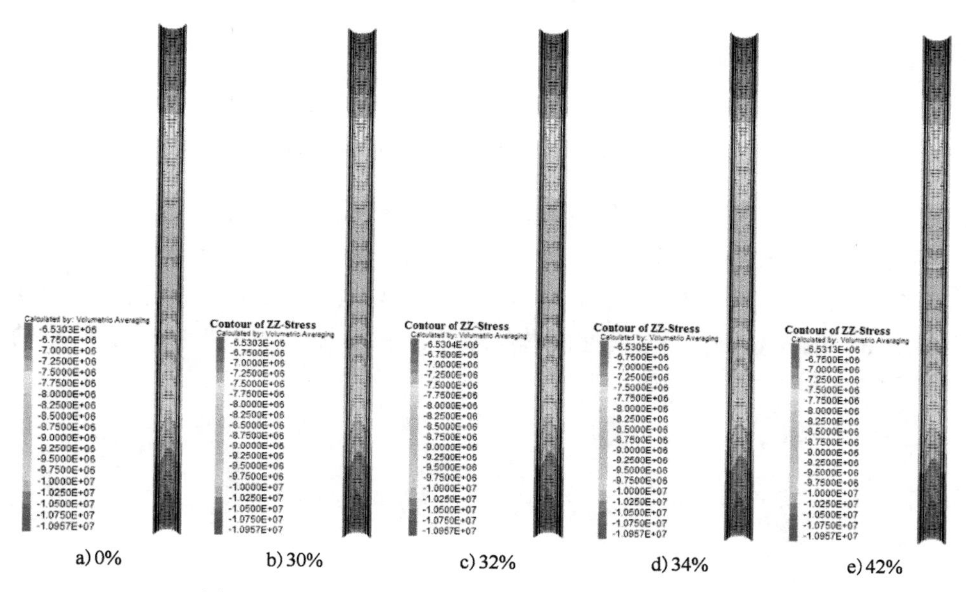

图 6-12　–346m 腐蚀段在不同参数降低率时的竖向应力云图

由图 6-12 可见，–346m 腐蚀段的参数降低 30%、32%、34% 和 42% 的过程中，除了在 –346m 附近有少量不明显的改变外，竖向应力云图几乎没有任何变化。腐蚀段内参数降低的过程中，模型范围内的竖向应力的最大值和最小值也分别保持了 10.96 和 6.53MPa 不变。

图 6-13 是 –346m 腐蚀段参数降低 0%、30%、32%、34% 和 42% 时，–346m 附近井壁的竖向应力。

由图 6-13 可见，无论井壁腐蚀前还是腐蚀后，竖向应力与深度间虽然不是严格的线性关系，但总的趋势是随深度增加的。当 –346m 腐蚀段参数降低 30%，腐蚀段井壁内侧开始出现塑性区时，竖向应力几乎没有变化。当腐蚀段内参数降低了 32% 及 34%，塑性区从腐蚀段内侧逐渐向外侧蔓延过程中，竖向应力虽然变得更为平滑，但是改变量依然较小。当参数降了 42%，塑性区遍布 –346m腐蚀段内部时，竖向应力在腐蚀段中部的附近区域有了轻微的降低，但除一小段距离外有小幅波动，这种扰动随距离腐蚀段越远，逐渐降低并消失。

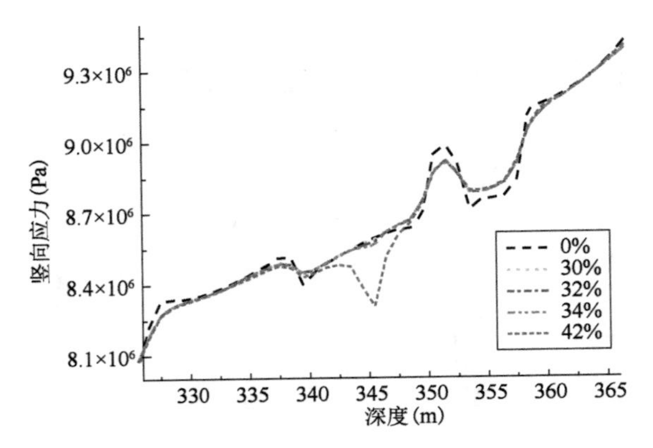

图 6-13 －346m 腐蚀段在不同参数降低率时的竖向应力

腐蚀段参数降低 30%、32%、34% 和 42% 的过程中,腐蚀段中部的竖向应力从 8.59MPa,分别降低至 8.59、8.58、8.56 和 8.3MPa,下降了 0%、0.1%、0.4% 和 3.4%。图 6-14 是－346 腐蚀段参数降低 30%、32%、34% 和 42% 时,井壁的侧向应力云图。

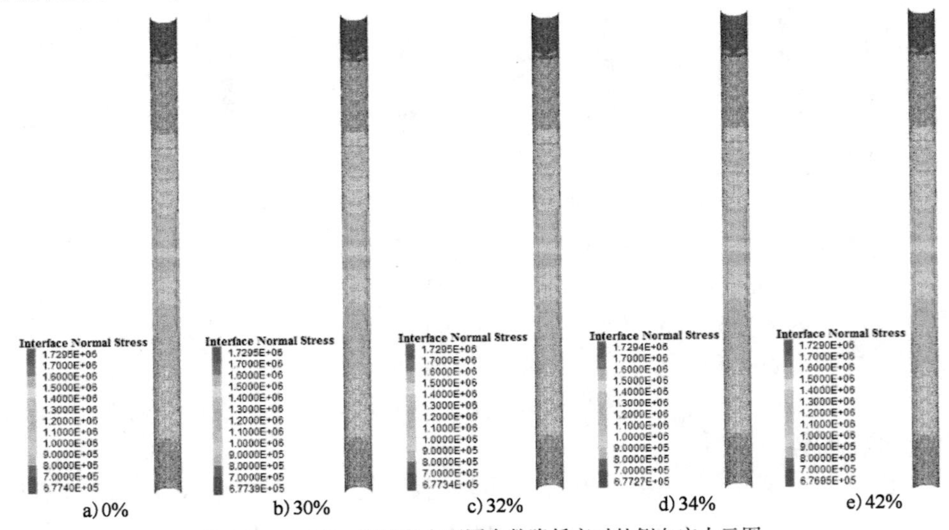

图 6-14 －346m 腐蚀段在不同参数降低率时的侧向应力云图

由图 6-14 可见,－346m 腐蚀段参数降低的过程中,侧向应力在应力云图上看不出任何变化。

图 6-15 是－346m 腐蚀段参数降低 0%、30%、32%、34% 和 42% 时的侧向应力曲线。

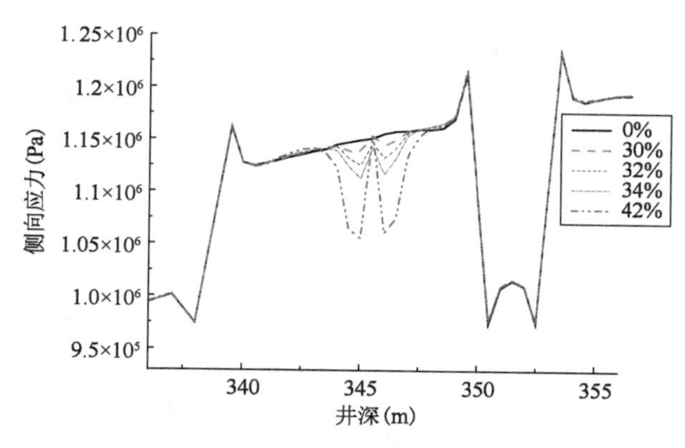

图 6-15 -346m 腐蚀段在不同参数降低率时的侧向应力曲线

可见,-346m 腐蚀段参数在逐渐降低的过程中,侧向应力仅在腐蚀段附近 2m 有波动,变化的范围比竖向应力要小得多。与竖向应力不同,侧向应力在腐蚀段中部的降低比腐蚀段两侧要小。-346m 腐蚀段参数降低 30%、32%、34% 和 42% 时,侧向应力从 1.15MPa 降低至 1.14、1.13、1.11 和 1.05MPa,降低了 0.9%、1.7%、3.5% 和 8.7%。腐蚀段参数降低的过程中,虽然侧向应力的改变率略高于竖向应力,但也处于比较低的水平。

图 6-16~图 6-18 分别是 -355.5、-359、-370m 腐蚀段参数降低 30%、32%、34% 和 42% 时,井壁的竖向应力云图。

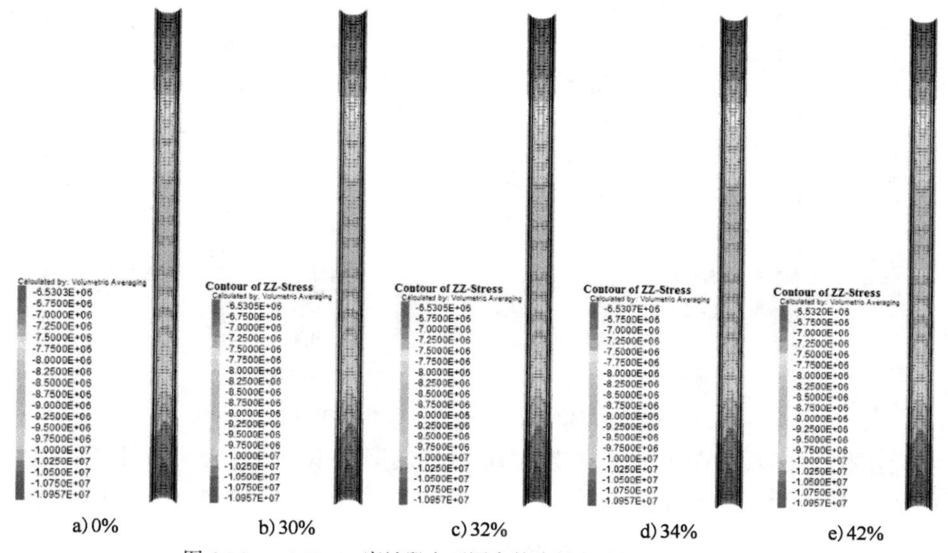

图 6-16 -355.5m 腐蚀段在不同参数降低率时的竖向应力云图

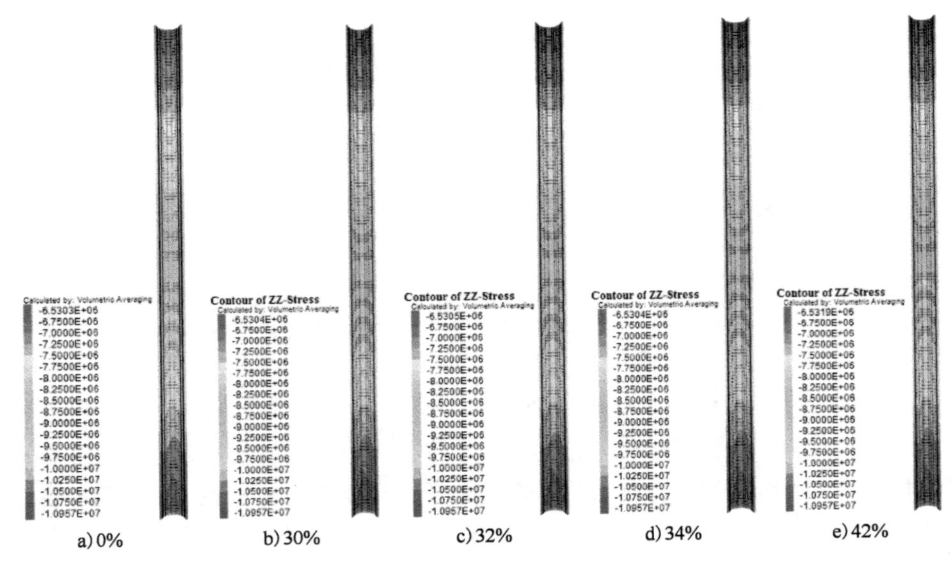

图 6-17　-359m 腐蚀段在不同参数降低率时的竖向应力云图

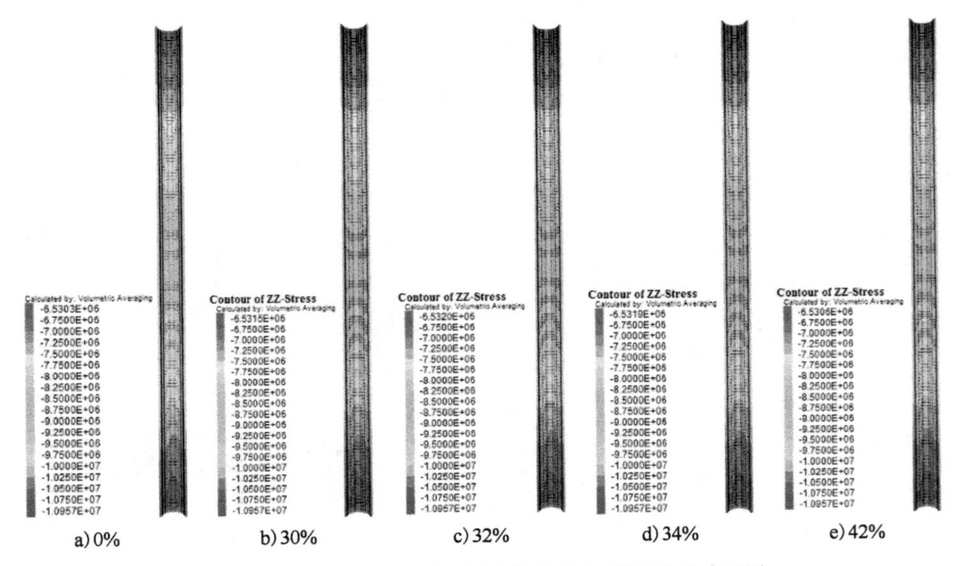

图 6-18　-370m 腐蚀段在不同参数降低率时的竖向应力云图

由图 6-16 ~ 图 6-18 可见，在腐蚀段参数逐渐降低，塑性区逐渐发展的过程中，只有在塑性区遍布腐蚀段时，竖向应力云图才能有细微的变化，并且竖向应力云图的变化仅局限在参数降低区域附近。

图 6-19 为 -355.5、-359、-370m 腐蚀段在参数降低 30%、32%、34%、42%后,在 -355.5、-359 和 -370m 附近的竖向应力曲线。

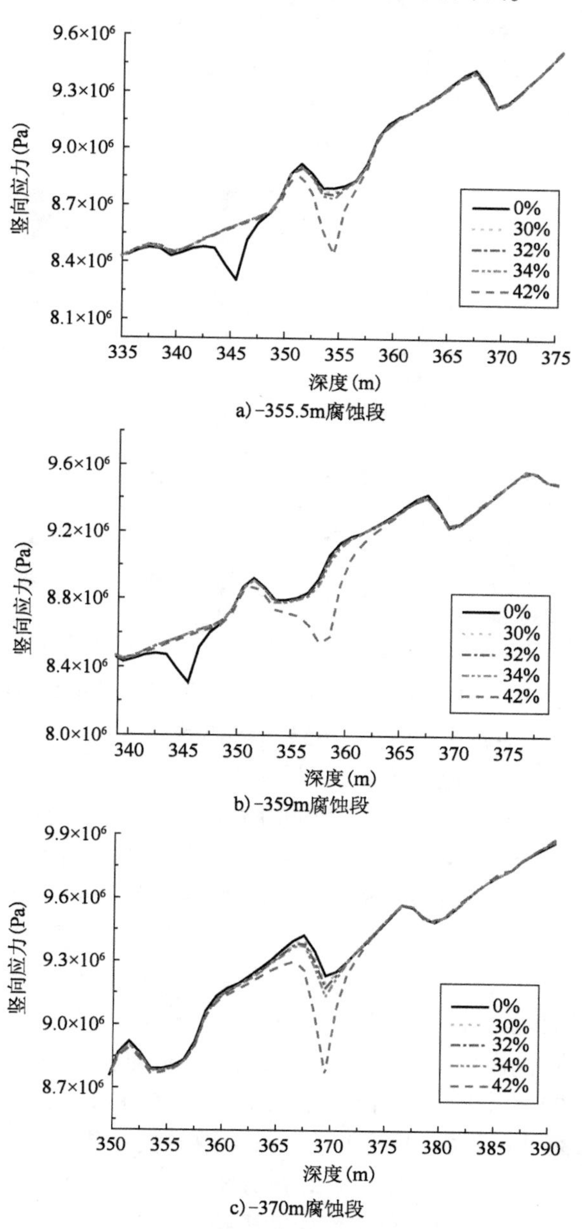

a)-355.5m腐蚀段

b)-359m腐蚀段

c)-370m腐蚀段

图 6-19 不同参数降低率时的竖向应力曲线

由图6-19可见，-355.5、-359和-370m腐蚀段在参数降低的过程中，竖向应力的变化规律与-346m腐蚀段基本一致。参数降低至42%时，-355.5、-359和-370m腐蚀段的竖向应力，分别从8.79、8.82、9.24MPa降低至8.44、8.68和8.92MPa，降低幅度为4%、1.6%和3.5%。

图6-20～图6-22分别是-355.5、-359、-370m腐蚀段参数降低30%、32%、34%和42%时，井壁的侧向应力云图。

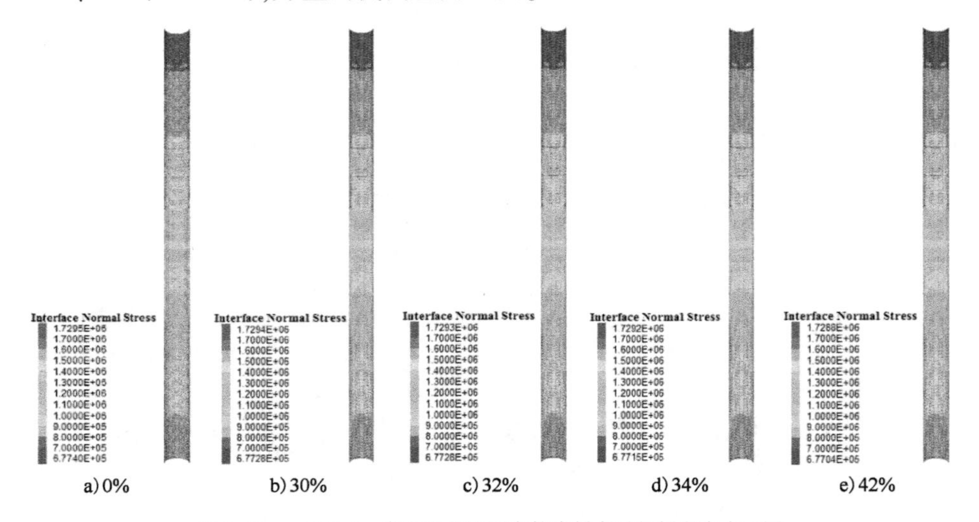

a)0%　b)30%　c)32%　d)34%　e)42%

图6-20　-355.5m腐蚀段在不同参数降低率时的侧向应力云图

由图6-20～图6-22可见，当-355.5、-359和-370m腐蚀段内参数逐渐降低的过程中，井壁侧向应力云图无明显的变化。

图6-23为-355.5、-359、-370m腐蚀段在参数降低30%、32%、34%、42%后，分别在-355.5、-359和-370m附近的侧向应力曲线。

由图6-23可见，-355.5m腐蚀段在参数逐渐降低的过程中，与-346m腐蚀段一样，都是腐蚀段两侧的侧向应力有少量降低，而腐蚀段中部则保持不变。-359和-370m腐蚀段，由于处于地层交接处，侧向应力的改变形式更为复杂，但是其改变量大小也都处于很低的水平。-355.5、-359和-370m腐蚀段的参数降低42%后，侧向应力改变量最大的部位，分别从1.02、1.19和1.28MPa降低至0.95、1.08和1.15MPa，降低了6.9%、9.2%和10.2%。

可见，井壁腐蚀过程中，井壁上应力发生改变的范围仅局限在腐蚀段附近，并且最大改变量也仅有10.2%。因此在分析童亭煤矿副井在腐蚀后的结构可靠度时，可以忽略腐蚀对应力分布产生的影响。

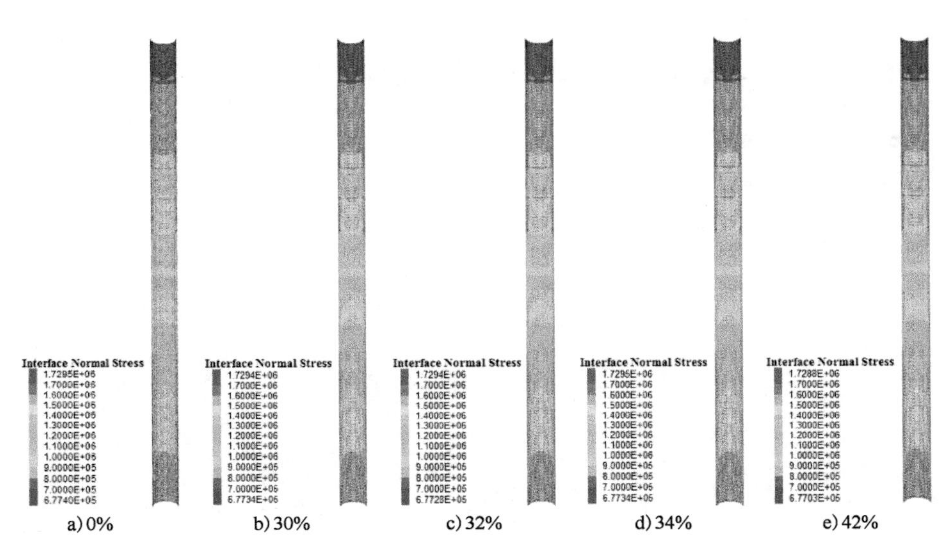

图 6-21 -359m 腐蚀段在不同参数降低率时的侧向应力云图

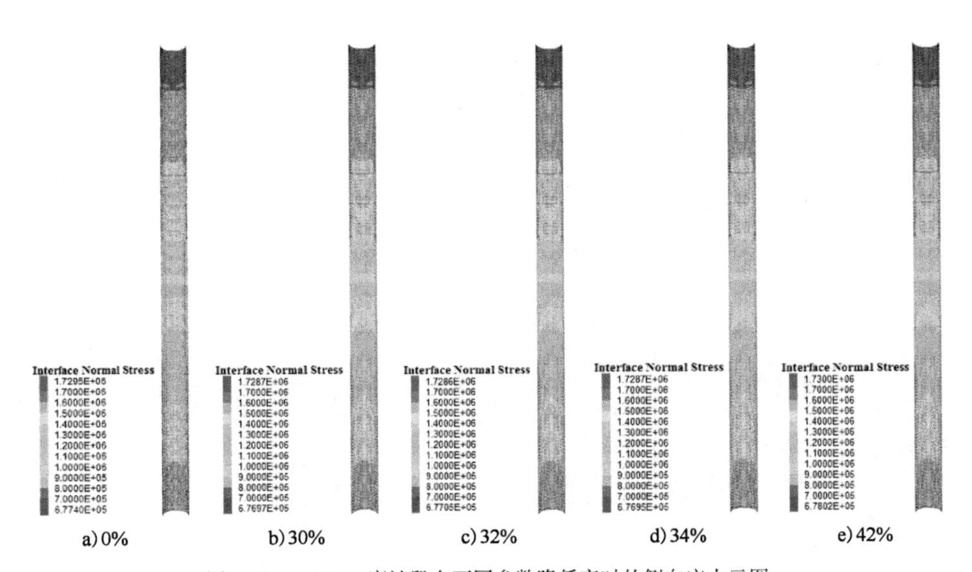

图 6-22 -370m 腐蚀段在不同参数降低率时的侧向应力云图

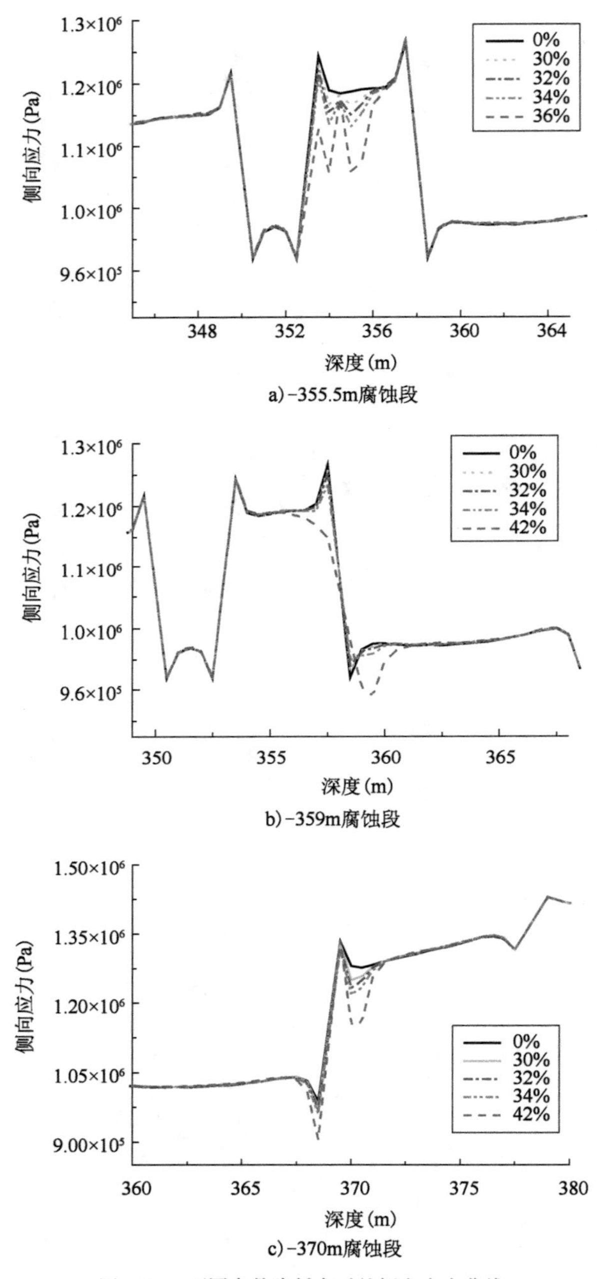

a)-355.5m腐蚀段

b)-359m腐蚀段

c)-370m腐蚀段

图6-23 不同参数降低率时的侧向应力曲线

第五节　腐蚀井壁的结构可靠度及剩余寿命评价

结构的损伤和破坏,都是从可靠度最低的单元开始的,井壁上任意一个位置发生失效,都可能导致功能无法实现。因此,王军[17]等认为对结构的局部可以近似采用失效模式全相关假设,将求解整个结构可靠度的问题,转化为求解最薄弱单元的可靠度问题。童亭煤矿副井的4个腐蚀段分别位于-346、-355.5、-359和-370m,求解得到这4个腐蚀段最低可靠度后,就得到了井壁结构可靠度。

自身性质是影响混凝土耐久性的重要因素,即使是组分相同的混凝土,如果致密性不同,那么它们的腐蚀特征和劣化规律也可能会有很大的差异。一般来说,如果混凝土内部存在裂纹等缺陷,由于接触面的增加,其耐腐蚀性都有所降低。

童亭煤矿副井的腐蚀情况调查结构表明,未与腐蚀性水接触的井壁,以及过水面下的井壁,其强度推定值都在30MPa以上,说明童亭煤矿副井早期并未受过量损伤,可用无预压立方体试件的抗压强度对其结构可靠度进行时间预测。为了研究初始损伤对腐蚀井壁服役寿命的影响,对比分析了相同腐蚀环境下,经历了相当于14MPa和21MPa加载损伤的井壁,其结构可靠度指标的改变。

一、童亭煤矿副井腐蚀段结构可靠度指标的时间函数

童亭煤矿副井基岩段井壁的外径3.7m,壁厚0.45m,厚度外径比$\lambda=0.1216$,取混凝土强化系数$K=3.0$代入后,腐蚀井壁功能函数的均值和标准差可计算为:

$$u_z(T)=0.2699f_c(T)-1.06P \tag{6-17}$$

$$\sigma_z(T)=\sqrt{2.842\times10^{-3}\times[f_c(T)]^2+2.5281\times10^{-2}\times P^2} \tag{6-18}$$

童亭煤矿副井的结构可靠度指标可表示为:

$$\beta(T)=\frac{0.2699f_{c}(T)-1.06P}{\sqrt{2.842\times10^{-3}\times[f_{c}(T)]^{2}+2.5281\times10^{-2}\times P^{2}}} \tag{6-19}$$

第五章分析结果表明，腐蚀井壁的轴心抗压强度的时间函数可用幂函数的形式表示。若将其表示为$f_{c}(T)=Ae^{-B(CT-3)}$，那么A、B、C对应的值见表6-8。表中腐蚀段1、2、3、4分别代表-346、-355.5、-359和-370m腐蚀段。

井壁腐蚀段轴心抗压强度时间函数的系数　　表6-8

参　数	腐 蚀 段	预压水平(MPa)		
		0	14	21
A	1,2,3,4	26.145	31.898	29.351
B	1,2,3,4	0.066	0.160	0.194
C	1	0.467	0.467	0.467
	2	0.615	0.615	0.615
	3	0.522	0.522	0.522
	4	0.567	0.567	0.567

因此，童亭煤矿副井-346、-355.5、-359和-370m腐蚀段的结构可靠度指标的时间函数可表示为：

$$\beta(T)=\frac{0.2699\times Ae^{-B(CT-3)}-1.06P}{\sqrt{2.842\times10^{-3}\times[Ae^{-B(CT-3)}]^{2}+2.5281\times10^{-2}\times P^{2}}} \tag{6-20}$$

得到结构可靠度指标后，根据可靠度指标与失效概率之间的一一对应关系，也可得到腐蚀段井壁的失效概率。

上一节数值计算表明：腐蚀前，-346、-355.5、-359和-370m腐蚀段的侧向应力分别为1.16、1.19、1.01和1.28MPa。至腐蚀段全部失效时，应力的最大改变量也不会超过10.2%。如果将腐蚀过程中，井壁的应力分布看作不变，那么-346、-355.5、-359和-370m腐蚀段结构可靠度指标的时间函数可用式(6-21)~式(6-24)计算。

$$\beta_{1}(T)=\frac{7.0565e^{-0.066\times(0.467T-3)}-1.2296}{\sqrt{1.9427e^{-0.132\times(0.467T-3)}+3.4018\times10^{-2}}} \tag{6-21}$$

$$\beta_{2}(T)=\frac{7.0565e^{-0.066\times(0.615T-3)}-1.2614}{\sqrt{1.9427e^{-0.132\times(0.615T-3)}+3.58\times10^{-2}}} \tag{6-22}$$

$$\beta_3(T) = \frac{7.0565e^{-0.066\times(0.522T-3)} - 1.0706}{\sqrt{1.9427e^{-0.132\times(0.522T-3)} + 2.5789\times10^{-2}}} \tag{6-23}$$

$$\beta_4(T) = \frac{7.0565e^{-0.066\times(0.567T-3)} - 1.3568}{\sqrt{1.9427e^{-0.132\times(0.567T-3)} + 4.142\times10^{-2}}} \tag{6-24}$$

若井壁在施工期受到了相当于14MPa的初始损伤，-346、-355.5、-359和-370m腐蚀段结构可靠度指标的时间函数分别为：

$$\beta_1(T) = \frac{8.6093e^{-0.16\times(0.467T-4)} - 1.2296}{\sqrt{2.8917e^{-0.32\times(0.467T-4)} + 3.4081\times10^{-2}}} \tag{6-25}$$

$$\beta_2(T) = \frac{8.6093e^{-0.066\times(0.615T-3)} - 1.2614}{\sqrt{2.8917e^{-0.132\times(0.615T-3)} + 3.58\times10^{-2}}} \tag{6-26}$$

$$\beta_3(T) = \frac{8.6093e^{-0.16\times(0.522T-4)} - 1.0706}{\sqrt{2.8917e^{-0.32\times(0.522T-4)} + 2.5789\times10^{-2}}} \tag{6-27}$$

$$\beta_4(T) = \frac{8.6093e^{-0.16\times(0.567T-4)} - 1.3568}{\sqrt{2.8917e^{-0.32\times(0.567T-4)} + 4.142\times10^{-2}}} \tag{6-28}$$

若井壁在施工期受到了相当于21MPa的初始损伤,那么-346、-355.5、-359和-370m腐蚀段结构可靠度指标的时间函数分别为：

$$\beta_1(T) = \frac{7.9218e^{-0.194\times(0.467T-3)} - 1.2296}{\sqrt{2.4483e^{-0.388\times(0.467T-3)} - 3.4081\times10^{-2}}} \tag{6-29}$$

$$\beta_2(T) = \frac{7.9218e^{-0.194\times(0.615T-3)} - 1.2614}{\sqrt{2.4483e^{-0.388\times(0.615T-3)} + 3.58\times10^{-2}}} \tag{6-30}$$

$$\beta_3(T) = \frac{7.9218e^{-0.194\times(0.522T-3)} - 1.0706}{\sqrt{2.4483e^{-0.388\times(0.522T-3)} + 2.5789\times10^{-2}}} \tag{6-31}$$

$$\beta_4(T) = \frac{7.9218e^{-0.194\times(0.567T-3)} - 1.3568}{\sqrt{2.4483e^{-0.388\times(0.567T-3)} + 4.142\times10^{-2}}} \tag{6-32}$$

二、童亭煤矿副井的结构可靠度评价和剩余寿命预测

图6-24和表6-9分别是童亭煤矿副井-346、-355.5、-359和-370m腐蚀段在不同服役时间时的结构可靠度指标与失效概率。

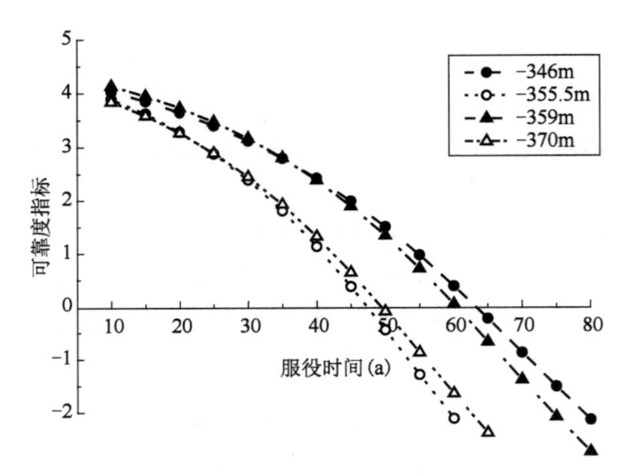

图 6-24 不同服役时间时的结构可靠度指标(β)

不同服役时间时的失效概率(P_f) 表 6-9

服役时间(a)	深度(m)			
	-346	-355.5	-359	-370
10	2.73×10^{-5}	4.90×10^{-5}	1.75×10^{-5}	6.04×10^{-5}
15	5.73×10^{-5}	1.45×10^{-4}	3.91×10^{-5}	1.68×10^{-4}
20	1.31×10^{-4}	5.01×10^{-4}	9.46×10^{-5}	5.33×10^{-4}
25	3.28×10^{-4}	1.97×10^{-3}	2.56×10^{-4}	1.89×10^{-3}
30	8.92×10^{-4}	8.41×10^{-3}	7.67×10^{-4}	7.17×10^{-3}
35	2.59×10^{-3}	0.0354	2.51×10^{-3}	0.0272
40	7.80×10^{-3}	0.1292	8.62×10^{-3}	0.0937
45	0.0235	0.3554	0.0293	0.2612
50	0.0666	0.6728	0.0913	0.5390
55	0.1674	0.9013	0.2384	0.8075
60	0.3514	0.9826	0.4846	0.9496
65	0.5932	0.9980	0.7476	0.9914
70	0.8085	0.9998	0.9164	0.9989

由图 6-24 可见，-346、-355.5、-359 和 -370m 腐蚀段的结构可靠度指标在服役初期的下降都较平缓，并且结构可靠度指标也十分接近。但随服役时间增长，这 4 个腐蚀段可靠度的降低速率并不相同，造成了 4 个腐蚀段的结构可靠度的差距随服役时间而逐渐拉开。

截至 2014 年，童亭煤矿副井已经服役 25 年，此时 −346、−355.5、−359 和 −370m 腐蚀段的结构可靠度指标分别为 3.4071、2.8824、3.4748 和 2.8962，失效概率为 3.28×10^{-4}、1.97×10^{-3}、2.56×10^{-4} 和 1.89×10^{-3}。最薄弱部位位于 −355.5m 腐蚀段，失效概率 1.97×10^{-3}，可见当前井壁是安全的。但随服役时间的增长，井壁的结构可靠度指标逐渐降低，失效概率逐渐提升，当井壁结构可靠度降至 0，失效概率上升至 0.5 时，−346、−355.5、−359 和 −370m 腐蚀段的服役时间分别是 63.1、47.3、60.3 和 49.3 年。因此，童亭煤矿副井的服役寿命为 47.3 年，剩余寿命为 22.3 年。

数值计算表明，−346、−355.5、−359 和 −370m 腐蚀段在参数降低 42% 左右时，塑性区发展到了整个腐蚀段内部。假设副井在达到服役寿命极限时，塑性区遍布了整个 −355.5m 腐蚀段，在服役期内混凝土的摩尔库伦模型参数的降低程度也是线性的。副井在服役 25 年时，−346、−355.5、−359 和 −370m 腐蚀段的摩尔库伦参数可视分别降低了 17%、22%、17% 和 11%。

童亭煤矿副井服役了 25 年时，井壁的竖向和侧向应力曲线及云图分别如图 6-25 和图 6-26 所示。图 6-25 中，上面黑色实线为竖向应力曲线，下面红色虚线为侧向应力曲线。

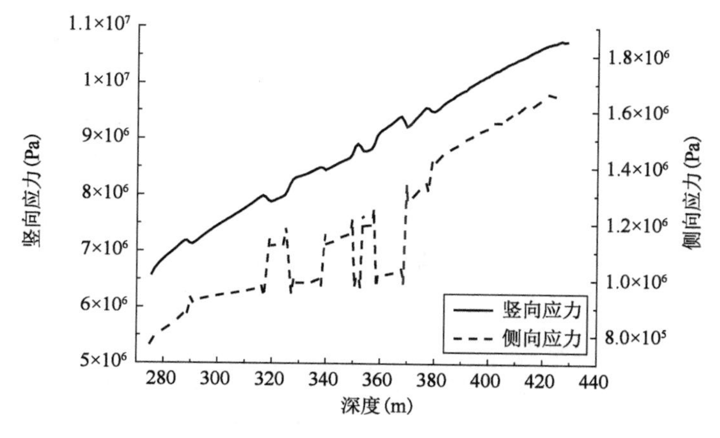

图 6-25 童亭煤矿副井服役 25 年时的竖向和侧向应力曲线

童亭煤矿副井在服役 25 年时，−346、−355.5、−359 和 −370m 腐蚀段的轴心抗压强度分别为 14.75、11.55、13.47 和 12.50MPa。第二章第二节中，通过回弹法得到了井壁抗压强度推定值大概介于 31 ~ 34MPa，取平均值 32.5MPa。根据腐蚀井壁结构可靠度公式，计算得到童亭煤矿副井服役 25 年时，不同深度井壁的结构可靠度指标，如图 6-27 所示。

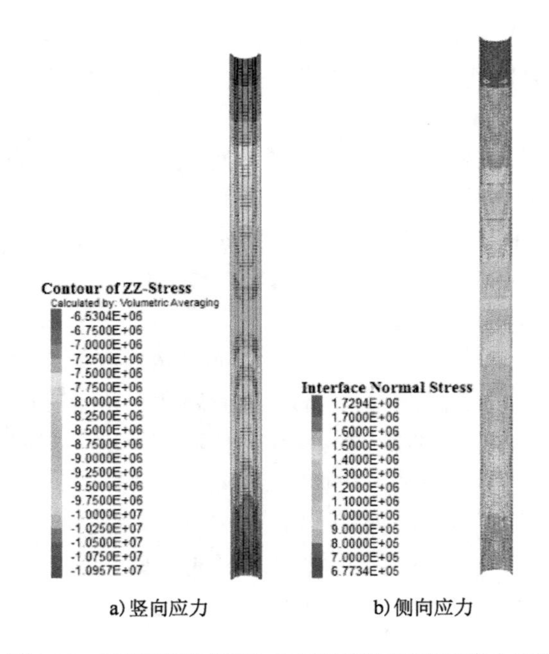

图 6-26 童亭煤矿副井服役 25 年时的竖向和侧向应力云图

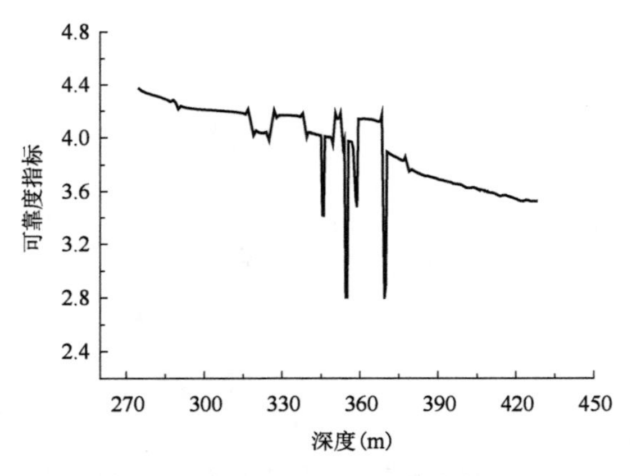

图 6-27 童亭煤矿副井的结构可靠度指标(β)

由图 6-27 可见,童亭煤矿副井在服役 25 年后,基岩段井壁结构可靠度随深度逐渐下降的。-346、-355.5、-359 和 -370m 腐蚀段混凝土性能因腐蚀而劣化,可靠度在这 4 个部位有个陡降及回升的过程,井壁结构中最低的可靠度为 2.8824,位于 -355.5m 腐蚀段附近。

三、初始损伤对腐蚀井壁服役寿命的影响分析

图6-28和表6-10分别是在早期经历了相当于14MPa的初始损伤后，副井-346、-355.5、-359和-370m腐蚀段，在不同服役时间时的结构可靠度指标与失效概率。

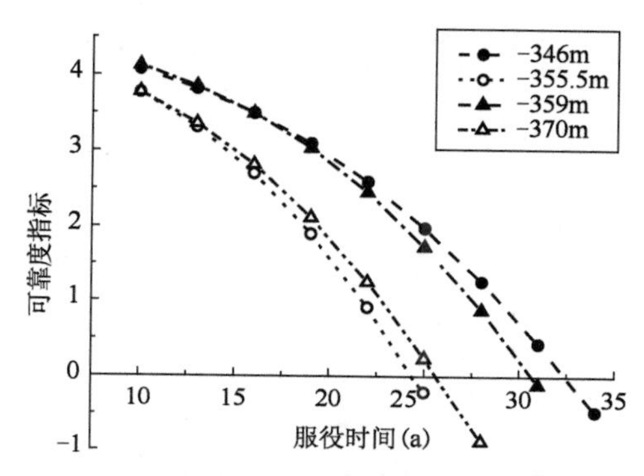

图6-28 有14MPa损伤井壁的结构可靠度指标(β)

有14MPa损伤井壁的失效概率(P_f) 表6-10

服役时间(a)	深度(m)			
	-346	-355.5	-359	-370
10	2.27×10^{-5}	8.09×10^{-5}	1.83×10^{-5}	7.92×10^{-5}
13	6.62×10^{-5}	4.60×10^{-4}	5.85×10^{-5}	3.87×10^{-4}
16	2.33×10^{-4}	3.44×10^{-3}	2.36×10^{-4}	2.42×10^{-3}
19	9.81×10^{-4}	0.0284	1.19×10^{-3}	0.0170
22	4.72×10^{-3}	0.1808	0.0070	0.1046
25	0.0235	0.5952	0.0412	0.4055
28	0.1032	0.9281	0.1904	0.8087
31	0.3315	0.9957	0.5393	0.9766
34	0.6796	0.9999	0.8714	0.9987
37	0.9186	1.0000	0.9842	0.9999

由图6-28可见，如果井壁在施工期经历了相当于14MPa的初始损伤，那么在同等腐蚀条件下服役了25年后，-346、-355.5、-359和-370m腐蚀段的结构可靠度指标分别为1.9866、-0.2408、1.7366和0.2391，失效概率分别为

0.0235、0.5952、0.0412 和 0.4055，−346、−355.5、−359 和 −370m 腐蚀段的可靠度比无初始损伤井壁分别降低了 41.7%、108.4%、50% 和 91.7%。可靠度降低至 0，−346、−355.5、−359 和 −370m 腐蚀段的服役时间分别是 32.4、24.4、30.7 和 25.6 年。有 14MPa 初始损伤的井壁，其最薄弱单元与未损伤井壁一样，也是位于 −355.5m 腐蚀段，服役寿命比未损伤井壁缩短了 48.4%。

图 6-29 和表 6-11 分别是井壁在早期经历了 21MPa 初始损伤后，副井 −346、−355.5、−359 和 −370m 腐蚀段，在不同服役时间时的结构可靠度指标与失效概率。

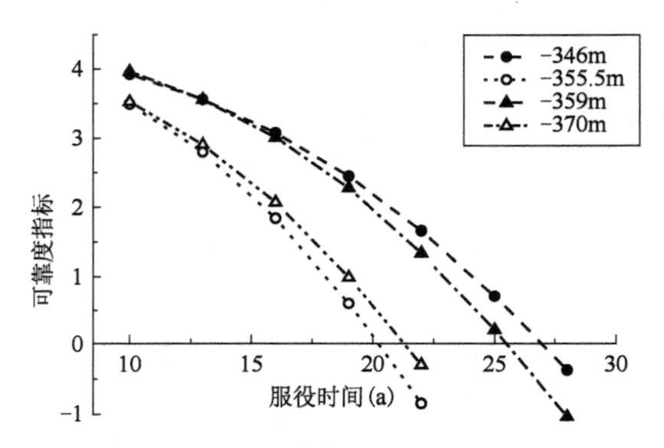

图 6-29 有 21MPa 损伤井壁的结构可靠度指标(β)

有 21MPa 损伤井壁的失效概率(P_f) 表 6-11

服役时间(a)	深度(m)			
	−346	−355.5	−359	−370
10	4.33×10^{-5}	2.39×10^{-4}	3.72×10^{-5}	2.12×10^{-4}
13	1.87×10^{-4}	2.55×10^{-3}	1.88×10^{-4}	1.82×10^{-3}
16	1.06×10^{-3}	0.0327	1.32×10^{-3}	0.0192
19	7.20×10^{-3}	0.2741	0.0114	0.1615
22	0.0487	0.8007	0.0905	0.6173
25	0.2405	0.9892	0.4179	0.9517
28	0.6457	0.9998	0.8504	0.9983
31	0.933	1	0.9883	1

由图 6-29 可见，如果井壁在腐蚀前经历了相当于 21MPa 的初始损伤，那么服役 25 年后，−346、−355.5、−359 和 −370m 腐蚀段的结构可靠度指标为 0.7046、−2.2972、0.2073 和 −1.6616，失效概率为 0.2405、0.9892、0.4179 和

0.9517。同样服役了25年，结构可靠度指标比无初始损伤井壁降低了73.3%、179.7%、94%和157.4%，此时井壁已经完全丧失了承载能力。

腐蚀前经历21MPa初始损伤的井壁，结构可靠度降至0，失效概率达到0.5时的服役时间分别是27、20.2、25.5和21.3年。最薄弱段与无初始损伤以及14MPa初始损伤井壁一样，也是-355.5m腐蚀段。其服役寿命为20.2年，比无初始损伤井壁降低了52.2%。

第六节 小结

本章采用降低材料参数的方式，对井壁腐蚀过程中应力分布的变化情况进行了分析。在此基础上，应用前述章节中关于腐蚀井壁结构可靠度指标的时间函数，对童亭煤矿副井进行了分析。研究结果表明：

（1）-346、-355.5、-359和-370m深度处井壁的竖向和侧向应力的数值解分别为8.6、8.75、9.14、9.17MPa和1.16、1.19、1.01和1.28MPa，与公式方法得到的结果接近。

（2）腐蚀段内井壁性能逐渐降低的过程中，井壁上的塑性区首先从内侧部分开始，逐渐发展至整个腐蚀区域内侧，最后再从井壁内侧扩展至外侧，以至整个腐蚀段。

（3）腐蚀段内井壁参数降低的过程中，井壁竖向和侧向应力虽然也会发生变化，但是改变率很小。当-346、-355.5、-359和-370m腐蚀段内的参数分别降低42%，塑性区发展至整个腐蚀段时，竖向应力的最大改变率分别是3.4%、4%、1.6%和3.5%，侧向应力的最大改变率分别是8.7%、6.9%、9.2%和10.2%。

（4）不仅腐蚀过程中，井壁竖向和侧向应力的最大改变率很低，腐蚀对应力的影响范围也很有限。当塑性区发展至整个腐蚀段时，竖向应力和侧向应力变化都仅局限在距腐蚀段中部5m和2m的范围内。

（5）截至2014年，童亭煤矿副井已服役25年，此时-346、-355.5、-359和-370m腐蚀段处的结构可靠度指标分别为3.4071、2.8824、3.4748和2.8962。不仅当前井壁结构是安全的，而且如果腐蚀环境不发生改变，自2014年算起，还有22.3年，童亭煤矿副井的失效概率才达到50%。

(6)如果井壁在前期经历了相当于14或21MPa的初始损伤,那么在相同的腐蚀环境下,失效概率至50%时的服役时间分别仅为24.4和20.2年,比无初始损伤井壁减少了48.4%和52.2%。说明若井壁处于硫酸盐溶液腐蚀环境下,应当特别注意早期的养护,避免早龄期受力造成井壁混凝土损伤。

参 考 文 献

[1] 刘赞群.混凝土硫酸盐侵蚀基本机理研究[D].长沙:中南大学,2010.

[2] 张臣,徐为,申强.基于灰色理论的受酸雨侵蚀混凝土抗折强度的预测模型[J].交通标准化,2009,19:96-99.

[3] 王向东,朱为玄,徐道远.灰色理论在预测混凝土性能参数长期值中的应用[J].河海大学学报(自然科学版),1999,06:64-67.

[4] 郭红梅,马培贤.灰色理论在预测夯实水泥土性能参数长期值中的应用[J].岩土工程技术,2000,04:191-194+207.

[5] Howard J B,Gilroy H M. Natural and artificial weathering of polyethylene plastics[J]. Polymer Engineering & Science,1969,9(9):286-294.

[6] 杨俊杰,孙文若.钢筋砼井壁的强度特征及设计计算[J].淮南矿业学院学报,1994,03:23-27+33.

[7] 孙林柱,杨俊杰.双层钢筋混凝土冻结井井壁结构可靠度分析[J].建井技术,1997,03:19-23+16.

[8] 中华人民共和国建设部.建筑结构可靠度设计统一标准:GB 50068—2011[S].北京:中国建筑工业出版社,2001.

[9] 李早.复合地基承载力可靠性分析与设计的研究[D].西安:西安建筑科技大学,2004.

[10] 周治安.童亭煤矿主副井破裂调查及其成因分析[J].淮南矿业学院学报,1993,03:1-13.

[11] 倪建明.淮北矿区煤巷围岩稳定性分类与支护对策研究[D].北京:中国矿业大学,2008.

[12] 张朋.淮北临涣煤矿深部矿井巷道围岩顶底板变形规律研究[D].长沙:湖南科技大学,2014.

[13] 戴广龙,郭良经,张树川.海孜矿上保护层开采卸压保护范围数值模拟研究[J].中国安全科学学报,2013,07:13-18.

[14] 王亮.巨厚火成岩下远程卸压煤岩体裂隙演化与渗流特征及在瓦斯抽采中的应用[D].北京:中国矿业大学,2009.

[15] 孙书伟，林杭，任连伟. $FLAC^{3D}$在岩土工程中的应用[M]. 北京：中国水利水电出版社，2011.
[16] 杨俊杰. 深厚表土地层条件下的立井井壁结构[M]. 北京：科学出版社,2010.
[17] 王军,高会贤,高志强. 深厚冲积层盐害腐蚀下矿井混凝土井壁结构可靠度研究[J]. 煤炭技术,2014,05:286-288.